网络生物分子数据库的全面探索：资源与应用

王宏久　王珍珍　编著

陕西新华出版

西安

图书在版编目(CIP)数据

网络生物分子数据库的全面探索：资源与应用 / 王宏久，王珍珍编著. — 西安：陕西科学技术出版社，2023.8

ISBN 978-7-5369-8759-3

Ⅰ.①网… Ⅱ.①王… ②王… Ⅲ.①生物信息论-数据库系统-研究 Ⅳ.①Q811.4②TP311.13

中国国家版本馆CIP数据核字(2023)第121511号

WANGLUO SHENGWU FENZI SHUJUKU DE QUANMIAN TANSUO: ZIYUAN YU YINGYONG

网络生物分子数据库的全面探索:资源与应用

王宏久　王珍珍　编著

责任编辑 高　曼
封面设计 曾　珂

出 版 者 陕西科学技术出版社
西安市曲江新区登高路1388号 陕西新华出版传媒产业大厦B座
电话 (029)81205187　传真 (029) 81205155　邮编 710061
http://www.snstp.com

发 行 者 陕西科学技术出版社
电话(029)81205180　81206809

印　　刷 广东虎彩云印刷有限公司
规　　格 710mm×1000mm　16开
印　　张 12.75
字　　数 220千字
版　　次 2023年8月第1版
2023年8月第1次印刷
书　　号 ISBN 978-7-5369-8759-3
定　　价 88.00元

内容简介

本书是一本介绍生物信息学中常用的数据库资源的详细指南。这本书旨在提供有关基因组、基因、蛋白质、代谢途径和信号通路等多个层次的数据库资源的信息。

本书分为八章,分别介绍了核苷酸序列数据库、基因组数据库、基因信息数据库、基因功能注释数据库、基因组突变数据库、高通量组学数据资源数据库以及生物分子网络数据库等常用数据库资源。每一章节都包含了该数据库的来源、组织结构、数据类型、查询方式和使用示例等方面的详细信息,同时还涵盖了该数据库在生物信息学研究中的应用和未来发展方向等内容。第一章由王珍珍编写,第二章至第八章由王宏久编写。

在核苷酸序列数据库部分,本书详细介绍了 NCBI、DDBJ 和 EBI 数据库,这些数据库包含了来自不同生物界的 DNA 和 RNA 序列,是基因组、转录组和表观基因组等研究的重要数据来源。在基因组数据库部分,着重介绍了 Ensembl、UCSC 和 NCBI Genome 数据库,它们提供了各种生物物种的基因组序列和注释信息,是进行基因组学研究和比较基因组学研究的重要资源。在基因信息数据库部分,介绍了 GeneCards 和 UniGene 两个主要的基因信息数据库,提供了与基因相关的信息。在基因功能注释数据库部分,介绍了 Gene Ontology、KEGG 和 Reactome 基因功能注释数据库,提供了基因的生物学功能、代谢途径和信号通路等方面的信息,有助于理解基因功能和生物过程的调节机制。在基因组突变数据库部分,本书介绍了 COSMIC、dbSNP 和 1000 Genomes 突变数据库,提供了基因突变和人类遗传多态性的信息,是进行人类基因组学和疾病研究的重要资源。在高通量组学数据资源数据库部分,介绍了 GEO、TCGA 和 ArrayExpress 数据库,提供了基因表达、蛋白质组、代谢组和表观基因组等,关键数据资源。最后,在生物分子网络数据库部分,介绍了 STRING、BioGRID 和 HPRD 网络数据库，提供了蛋白质相互作用、代谢网络和信号通路等方面的信息，有助于理解生物分子之间的相互作用和网络调控机制。

本书全面介绍了生物信息学中常用的数据库资源，有助于读者了解各个数据库的特点、使用方法和应用领域，进而在研究中合理选择和应用这些数据库资源，提高研究效率和质量。

前　言

随着生物学研究的不断深入和技术的飞速发展,越来越多的生物数据被产生和积累。这些数据是研究生命科学的基石,但也给生物信息学的研究者带来了挑战。如何有效地管理、存储和分析这些大量的生物数据,成为生物信息学领域的一个重要问题。

本书介绍了常见的生物数据库,这些数据库包括核苷酸序列数据库、基因组数据库、基因信息数据库、基因功能注释数据库、基因组突变数据库、高通量组学数据资源数据库和生物分子网络数据库。对于每个数据库,我们都提供了详细的介绍,以帮助读者更好地理解这些数据库的功能和应用。

本书旨在帮助生物信息学领域的研究者和生命科学领域的从业者了解和使用这些数据库,以加速生物学研究的进程。我们相信,通过本书的学习和实践,读者将能够更好地利用这些数据库来探索生物学的奥秘,为人类的健康和福祉做出更大的贡献。

祝愿读者学有所获,收获满满!

编者

2023 年 5 月

前言

目 录

第一章　概述

随着生命科学研究的深入和高通量技术的不断发展,生物分子之间的相互作用信息已经成为了解细胞调控机制、发现新的药物靶标、预测疾病风险等方面的重要资源。生物分子网络数据库是存储和管理生物分子相互作用信息的重要工具,通过对这些数据库的综合利用,可以加速生命科学研究的进展,推动基础研究和转化医学的发展。

生物分子网络数据库在生命科学研究中的重要性主要体现在以下几个方面:

(1)揭示生物分子之间的相互作用关系

生物分子网络数据库是存储生物分子之间相互作用信息的集合,可以帮助科学家快速查找和获取分子之间的相互作用信息,从而加深对分子之间相互作用关系的理解。通过分析这些相互作用关系,可以揭示分子在细胞内的功能、调控机制以及参与生理和病理状态的变化和相互作用,有助于揭示复杂生物系统的运作机理。

(2)建立生物分子网络模型

通过将生物分子之间的相互作用建模为网络,可以更直观地展示分子之间的相互关系,有助于研究者更深入地了解分子网络的特性。生物分子网络模型可以用于预测分子之间的相互作用关系、探索分子之间的调控机制和识别生物过程中的关键节点等。这些信息对于研究生物系统的结构和功能至关重要,因此生物分子网络数据库也被广泛用于生物分子网络模型的构建。

(3)探索疾病的发病机制

疾病是生物系统中的复杂现象,多个分子之间的相互作用导致疾病的发生和发展。利用生物分子网络数据库可以更好地了解疾病发生的机制，对疾病的预测、诊断和治疗提供帮助。例如，通过分析疾病相关的分子网络，可以预测疾病风险、筛选潜在的药物靶标和治疗方法等。

(4)推动新药研发

生物分子网络数据库可以用于筛选潜在的药物靶标，加速新药的研发。利用分子网络数据库可以挖掘出与疾病相关的关键分子，对这些关键分子进行针对性的药物筛选，可以提高药物研发的成功率。

(5)解析生物进化

生物分子网络数据库也可以用于生物进化研究。通过比较不同物种的分子网络，可以了解不同物种的生物功能和生物进化的历史。例如，通过比较不同物种的基因互作网络，可以了解这些物种的遗传特性和进化过程。

(6)支持系统生物学研究

系统生物学研究强调从整体上理解生物系统的结构和功能，网络生物分子数据库可以提供大量的分子相互作用信息，为系统生物学研究提供了丰富的数据基础和理论依据。通过分析分子相互作用网络，可以揭示生物系统的层次结构、功能模块和调控机制等。

(7)支持生物信息学研究

生物信息学是一门快速发展的交叉学科，其研究对象往往是大规模、高维度的生物数据。网络生物分子数据库是生物信息学研究中不可或缺的资源之一，可以提供生物分子的基本信息、相互作用关系等大量数据，有助于研究者对生物数据进行整合、分析和挖掘。

(8)支持医学研究和转化

生物分子网络数据库可以帮助医学研究者更好地了解疾病的发生和发展机制，从而开展更加有效的治疗和预防措施。此外，生物分子网络数据库也可以支持转化医学研究，即将基础研究成果转化为可应用于临床的医疗技术和产品。

随着科技的不断发展和生命科学的深入研究，越来越多的生物分子数据库被建立起来。这些数据库中包含了大量的生物分子信息,包括基因、蛋白质、代谢产物等。这些生物分子之间的相互作用关系是构成生物系统的基础,也是生命科学研究的重要内容之一。因此,基于网络生物分子数据库的全面探索与应用成为必要的研究方向。编写基于网络生物分子数据库的全面探索与应用的书籍,可以将不同数据库之间的联系和区别进行系统化的总结和介绍。同时,这本书还可以为研究者提供基于不同数据库进行数据挖掘和分析的方法和技巧。这对于加深对分子之间相互作用关系的理解和揭示复杂生物系统的运作机理至关重要。

此外,随着生物分子网络数据库的不断更新和扩展,需要对其进行整合和归纳,以方便研究者进行更高效的数据挖掘和分析。这本书可以帮助研究者更好地利用不同数据库之间的信息和关系,快速获取所需的数据和分析结果。

最后,基于网络生物分子数据库的全面探索与应用不仅对生命科学研究有着重要的意义,也对医学、药物研发、环境保护等领域有着广泛的应用价值。因此,编写这样一本书是有必要的,这有助于促进生命科学研究和相关领域的发展。

第二章　核苷酸序列数据库

国际核苷酸序列数据库合作组织(International Nucleotide Sequence Database Collaboration,简称INSDC)是由美国国家生物技术信息中心(National Center for Biotechnology Information,NCBI)、欧洲生物信息研究所(European Bioinformatics Institute,EBI)和日本DNA数据银行(DNA Data Bank of Japan,DDBJ)三个数据库组成的国际性合作组织。INSDC的目的是收集、存储和分发全球范围内的核苷酸序列数据,以促进生命科学研究的发展。

INSDC的成员数据库相互协作,通过共享技术和经验,确保数据的一致性和可靠性。INSDC成员数据库共享同一种数据格式,即序列数据提交格式(Sequence Submission Format),这使得用户可以通过任意一个成员数据库访问所有其他成员数据库的数据。这也意味着,不管是哪一个国家或地区的研究机构提交了数据,只要符合INSDC的数据质量标准,就能在全球范围内被广泛利用。

INSDC的主要任务是收集和储存全球范围内的核苷酸序列数据,并为研究人员和公众提供免费访问和下载服务。这些数据包括基因组序列、转录组序列、插入片段序列等,可以帮助研究人员了解生物系统的基本结构和功能,识别和研究新的基因和调控元件,开发新的诊断和治疗方法等。

INSDC成员数据库共同管理着全球范围内的核苷酸序列数据,每个成员数据库都有其独特的功能和优势。NCBI是INSDC成员中最大的数据库,其数据资源丰富,包括基因组序列、蛋白质序列、化合物结构数据、文献数据库等,同时NCBI还提供了许多在线工具和数据库,如BLAST、GenBank、PubMed等,使得用户可以方便地对数据进行分析和查询。EBI是欧洲最大的生物信息学中心,其强项是生物信息学的分析和注释。EBI的主要数据库包括EMBL、ENA、UniProt等,其中ENA是INSDC的成员之一,负责核苷酸序列数据的收集和储存。DDBJ是日本最大的生物信息学中心,其主要任务是管理日本的核苷酸序列数据,同时也是 INSDC 成员之一,承担着重要的全球性任务。

2.1 NCBI

NCBI(National Center for Biotechnology Information)是美国国家生物技术信息中心,成立于 1988 年,是美国国立卫生研究院下属的一个科研机构。NCBI 旨在提供有关生物信息学和生物技术的科学信息和数据,促进生物医学研究和发展。NCBI 的数据库和工具被广泛应用于生命科学研究和医学领域。

(1) GenBank

GenBank 是 NCBI 维护的全球最大的核苷酸序列数据库之一,包含了大量的 DNA 和 RNA 序列信息。目前 GenBank 数据库中存储了数百万条核苷酸序列数据,其中包括了已知的基因、基因组、EST(表达序列标签)等数据。GenBank的数据来源包括科研机构、学术出版物、专利文献等。研究者可以在 GenBank 中查询和下载序列数据,以便进一步地分析和研究。

(2) PubMed

PubMed 是 NCBI 维护的生命科学文献检索系统,收录了包括生物医学、生命科学、生物技术等领域的众多学术期刊文章和会议论文等文献信息。PubMed 的检索系统支持关键词检索、文献类型筛选、文献来源筛选等多种功能,帮助研究者快速地找到所需的文献资料。

(3) BLAST

BLAST(Basic Local Alignment Search Tool)是 NCBI 开发的一款常用的序列比对工具,可用于比对核苷酸序列和蛋白质序列。BLAST 提供了一种快速、高效的方式来比对和分析不同来源的生物序列数据,支持多种比对方式和参数设置,适用于各种生物信息学分析任务。

(4) dbSNP

dbSNP 是 NCBI 维护的一个人类单核苷酸多态性(SNP)数据库,包含了大量的人类基因组中的 SNP 信息。dbSNP 数据库可以帮助研究者了解不同个体之间的基因差异和表达差异,对于人类基因组的研究和临床应用具有重要意义。

(5) RefSeq

RefSeq 是 NCBI 维护的一个基因序列和注释数据库,包含了多种生物物种的基因序列信息和注释信息。RefSeq 数据库中的基因序列和注释信息都是由 NCBI 的专家团队进行严格的筛选和审核的,可以帮助研究者快速了解和分析基因信息,为基因功能和调控机制的研究提供可靠的基础数据。

(6) ClinVar

ClinVar 是 NCBI 维护的一个与人类疾病相关的遗传变异数据库,收集了大量的致病和良性变异信息。这些变异信息是由临床实验室、医疗保健机构和个人研究者提交的,可以帮助研究者了解基因变异与人类疾病的关系,为疾病的预测、诊断和治疗提供支持。

(7) Gene

Gene 是 NCBI 维护的一个基因信息数据库,包含了各种生物物种的基因信息和注释信息。Gene 数据库中的基因信息和注释信息都是由 NCBI 的专家团队进行严格的筛选和审核的,可以帮助研究者快速了解和分析基因信息,为基因功能和调控机制的研究提供可靠的基础数据。

(8) PubChem

PubChem 是 NCBI 维护的一个化合物信息数据库,包含了大量的化合物结构信息和相关的生物活性信息。这些化合物信息和生物活性信息是由 NCBI 的专家团队从各种文献和实验数据中收集整理而来的,可以帮助研究者了解不同化合物的结构和生物活性特性,为新药物的研发和设计提供支持。

(9) SRA

SRA 是 NCBI 维护的一个高通量测序数据存储库,包含了大量的各种生物物种的测序数据。这些测序数据是由各种研究机构和个人研究者提交的,可以帮助研究者快速获得各种生物物种的测序数据,为基因组学、转录组学和表观遗传学的研究提供支持。

2.1.1 GenBank

GenBank 是一个由美国国家生物技术信息中心（National Center for Biotechnology Information, NCBI）维护的数据库，包含了全球各地提交的基因序列和相关生物信息，是全球最大的基因序列数据库之一。该数据库的目的是为全球科学家提供一个开放的平台，方便他们分享基因序列、注释信息、序列分析工具等方面的知识。GenBank 数据库中的数据包含了多种类型的生物序列信息，包括基因序列、mRNA 序列、蛋白质序列、基因组序列等。这些数据可以用于生物学研究、基因工程、生物医学研究、进化生物学研究等领域。

在 GenBank 数据库中，每个序列都有一个唯一的标识符，称为 GenBank Accession Number，它可以用于快速访问特定的序列。此外，每个序列都附有一些元数据，例如序列的来源、作者、发布日期、实验方法等，这些元数据可以帮助研究人员更好地理解序列信息和数据的来源。GenBank 数据库是一个公共数据库，任何人都可以免费访问和使用其中的数据。NCBI 还提供了一系列的工具和服务，帮助研究人员使用 GenBank 中的数据，例如 BLAST（Basic Local Alignment Search Tool）搜索工具，用于比对新序列与 GenBank 中已知序列的相似性；GenBank 数据下载服务，可用于下载特定序列、特定类型的序列或整个数据库的数据等。

总之，GenBank 数据库是一个极为重要的基因序列数据库，为全球生物学和医学研究提供了重要的数据和资源，对于加速科学研究和推进生物医学领域的进展具有重要的意义。

2.1.2 GenBank 数据库存储数据的类型

GenBank 包含了各种类型的生物序列信息，包括基因序列、mRNA 序列、蛋白质序列、基因组序列等。这些序列数据在 GenBank 数据库中被存储为文本格式，可通过各种工具和方法进行访问和分析。下面将详细介绍 GenBank 数据库存储的数据类型。

(1) 基因序列（Gene Sequence）

基因序列是指 DNA 中编码蛋白质的基因区域，通常由 ATCG 四个核苷酸组成。在 GenBank 数据库中，基因序列通常以 FASTA 格式存储，每个序列都由一个唯一的标识符(GenBank Accession Number)和一个描述性标题组成。此外,基因序列还包括了序列的长度、来源、作者、参考文献等元数据。

(2)mRNA 序列(mRNA Sequence)

mRNA 是基因转录过程中产生的一种 RNA 分子,其序列与编码该基因的 DNA 序列是一一对应的。在 GenBank 数据库中,mRNA 序列也通常以 FASTA 格式存储,每个序列都由一个唯一的标识符和描述性标题组成。与基因序列不同的是,mRNA 序列通常包含了开放阅读框(Open Reading Frame, ORF)信息,用于指示该序列中可能存在的蛋白质编码序列。

(3)蛋白质序列(Protein Sequence)

蛋白质序列是指由氨基酸组成的蛋白质链,在 GenBank 数据库中通常以 FASTA 格式存储。每个蛋白质序列都有一个唯一的标识符和一个描述性标题,包括序列的长度、来源、作者、参考文献等元数据。此外,蛋白质序列通常还包括了一些附加信息,例如分子量、等电点、亲水性、氨基酸序列中的保守区域等信息。

(4)基因组序列(Genome Sequence)

基因组序列是指一个生物个体的所有基因序列组成的序列,通常包括了大量的非编码序列。在 GenBank 数据库中,基因组序列通常以 FASTA 格式存储,每个序列都有一个唯一的标识符和描述性标题,包括了序列的长度、来源、作者、参考文献等元数据。与基因序列、mRNA 序列和蛋白质序列不同的是,基因组序列通常会包含一些附加信息,例如基因组大小、GC 含量、基因密度、反转录转座子数量等信息。

(5)核糖体 RNA 序列(Ribosomal RNA Sequence)

核糖体 RNA(rRNA)是一种 RNA 分子,存在于所有细胞中,并在蛋白质合成过程中起着关键作用。在 GenBank 数据库中,核糖体 RNA 序列也通常以 FASTA 格式存储,每个序列都有一个唯一的标识符和描述性标题,包括序列的长度、来源、作者、参考文献等元数据。此外,核糖体 RNA 序列还会包含 rRNA 结构的注释信息,如 16S、18S、28S 等。

(6) miRNA 序列(MicroRNA Sequence)

miRNA 是一种非编码 RNA 分子,其长度通常为 20～24 个核苷酸,可以参与调控基因表达。在 GenBank 数据库中,miRNA 序列通常以 FASTA 格式存储,每个序列都有一个唯一的标识符和描述性标题,包括序列的长度、来源、作者、参考文献等元数据。此外,miRNA 序列还会包含 miRNA 结构的注释信息,如成熟 miRNA、前体 miRNA 等。

(7) EST 序列(Expressed Sequence Tag Sequence)

EST 是由转录后修饰(如剪切)的 mRNA 产生的短序列,通常长度为 200～500 个核苷酸。在 GenBank 数据库中,EST 序列通常以 FASTA 格式存储,每个序列都有一个唯一的标识符和描述性标题,包括序列的长度、来源、作者、参考文献等元数据。EST 序列可以用于鉴定基因、构建转录组、寻找新的基因等。

(8) SSR 序列(Simple Sequence Repeat Sequence)

SSR 是指由重复单元(通常是 1～6 个核苷酸)组成的短序列,也被称为微卫星(Microsatellite)。在 GenBank 数据库中,SSR 序列通常以 FASTA 格式存储,每个序列都有一个唯一的标识符和描述性标题,包括序列的长度、来源、作者、参考文献等元数据。SSR 序列可以用于遗传多样性研究、物种识别等方面。

GenBank 数据库存储的数据类型非常丰富,包括基因序列、mRNA 序列、蛋白质序列、基因组序列、核糖体 RNA 序列、miRNA 序列、EST 序列、SSR 序列等。每种数据类型都有其独特的特点和应用场景,为生物学研究提供了极大的便利。同时,GenBank 数据库的持续更新和完善,也为生物学研究提供了强大的数据支持和资源共享平台。

2.1.3 GenBank 数据库存储数据的格式

GenBank 数据库存储的数据以一种特定的格式进行组织和表示,以便于数据的管理、存储、检索和共享。这里将介绍 GenBank 数据库存储数据的格式,包括序列记录的各个部分、格式标记的含义以及序列的版本控制。

(1)序列记录的各个部分

GenBank 数据库存储的每个序列记录都包含若干个部分,其中最重要的部分是序列的核苷酸或氨基酸序列。其他的部分则包括元数据信息，如序列长度、来源、作者、参考文献、注释、特征、DBLink 等。其中，序列部分通常以 FASTA 格式存储，包括序列的名称和序列的核苷酸或氨基酸序列。元数据信息则以特定的格式标记进行组织和表示，如下所示：

```
LOCUS NG_007110 2545 bp DNA linear MAM 06 - AUG - 2021
DEFINITION Homo sapiens synaptophysin (SYP), RefSeqGene on chromosome X.
ACCESSION NG_007110
VERSION NG_007110.3
DBLINK BioProject: PRJNA168
BioSample: SAMN02981302
KEYWORDS RefSeqGene.
SOURCE Homo sapiens (human)
ORGANISM Homo sapiens
Eukaryota; Metazoa; Chordata; Craniata; Vertebrata; Euteleostomi; Mammalia;
Eutheria; Euarchontoglires; Primates; Haplorrhini; Catarrhini; Hominidae;
Homo.
REFERENCE 1 (bases 1 to 2545)
AUTHORS National Center for Biotechnology Information, Bethesda MD
TITLE Direct Submission
JOURNAL Submitted (16 - JUL - 2021) National Center for Biotechnology Information,
NIH, Bethesda, MD 20894, USA
FEATURES Location/Qualifiers
exon 1..358
/gene = "SYP"
/note = "synaptophysin"
/number = 1
intron 359..1294
/gene = "SYP"
```

```
/note ="synaptophysin"
/number =1
exon 1295..1847
/gene ="SYP"
/note ="synaptophysin"
/number =2
intron 1848..2080
/gene ="SYP"
/note ="synaptophysin"
/number =2
exon 2081..2545
/gene ="SYP"
/note ="synaptophysin"
/number =3
```

上述记录是一个人类 SYP 基因的序列记录，包括了序列部分和元数据信息部分。其中，序列部分以 FASTA 格式存储，包括了序列名称和核苷酸序列。元数据信息部分元数据信息部分则以特定的格式标记进行组织和表示。以下是一些常见的元数据信息标记：

LOCUS：序列名称、长度、类型、线性与否、分子类型、日期。

DEFINITION：定义序列的描述性文字。

ACCESSION：序列的访问号码。

VERSION：序列的版本号码。

SOURCE：生物体的来源，包括物种、分类信息、是否完全基因组等信息。

REFERENCE：引用参考文献的信息，包括文献编号、序列范围、作者、标题、期刊等信息。

FEATURES：序列的特征，包括外显子、内含子、启动子、终止子、蛋白质结构域、信号序列等信息。

ORIGIN：核苷酸序列，以 60 个字符一行的方式表示。

在以上示例中，LOCUS 表示序列名称、长度、类型、线性与否、分子类型、日期等信息；DEFINITION 表示序列的描述性文字；ACCESSION 表示序列的访问号码；VERSION 表示序列的版本号码；DBLINK 表示数据库链接；KEYWORDS 表示关键词；SOURCE 表示生物体的来源，包括物种、分类信息、是否完全基因组等信息;REFERENCE表示引用参考文献的信息,包括文献编号、序列范围、作者、标题、期刊等信息;FEATURES表示序列的特征,包括外显子、内含子、启动子、终止子、蛋白质结构域、信号序列等信息。

(2)格式标记的含义

GenBank数据库中的每个记录都由一系列的格式标记组成,这些格式标记通常以两个字母缩写的形式表示。下面列出了一些常见的格式标记及其含义:

AC:访问号码(Accession Number)。

DE:定义(Definition)。

GI:基因信息标识(GenInfo Identifier)。

KW:关键词(Keywords)。

OS:生物体物种(Organism Species)。

ORIGIN:核苷酸序列。

REF:参考文献(Reference)。

RN:序列命名(Sequence Name)。

RP:参考文献范围(Reference Position)。

SQ:序列(Sequence)。

VERSION:版本(Version)。

(3)序列的版本控制

GenBank数据库使用一种版本控制系统来跟踪和管理序列数据的更新。每个序列都有一个唯一的版本号码,表示该序列的版本。如果一条序列发生了修改,它的版本号码也会相应地更新。当一条序列发生了修改,其旧版本将被保留在数据库中,并被赋予一个新的版本号码。这个新的版本号码包括一个整数和一个字母。整数表示更新的次数,字母则表示该更新是主要还是一个修订版本(Revision)或者是一个修改版本(Update)。

例如,一个序列的第一版版本号为AF123456.1,如果对该序列进行了修改,那么新的版本号可能会变为AF123456.2。如果这条序列又发生了修改,那么它的版本号可能会变为AF123456.3,以此类推。

这种版本控制系统的好处是,它可以让用户追踪每个序列的历史记录,了解序列的演变过程,并方便地比较不同版本的序列。此外,版本控制系统还能保证数据的一致性和可靠性,避免了由于错误或误操作导致的数据丢失或混乱的情况。

在 GenBank 数据库中，每条记录都由元数据信息和序列数据两部分组成，其中元数据信息以特定的格式标记进行组织和表示，而序列数据则以 FASTA 格式存储。版本控制系统可以让用户追踪每个序列的历史记录，方便比较不同版本的序列，保证数据的一致性和可靠性。因此，GenBank 数据库是生物信息学领域中不可或缺的资源之一，对生命科学研究产生了巨大的影响。

2.1.4 GenBank 数据库数据的访问形式

GenBank 数据库中的数据可以通过多种方式进行访问，以满足不同用户的需求。下面将介绍 GenBank 数据库的数据访问形式，并举一个实例说明如何使用 GenBank 数据库进行生物信息学研究。

（1）Web 界面

GenBank 数据库提供了一个 Web 界面，用户可以通过这个界面搜索、浏览和下载数据。用户可以输入关键词、序列 ID、文献信息等进行搜索，也可以浏览数据库中的记录。每个记录都有一个详细页面，其中包含元数据信息、序列数据、参考文献等。用户可以通过网页界面下载 FASTA 格式的序列数据，或者使用 NCBI 提供的一些工具和服务进行序列比对、进化分析等。

（2）FTP 访问

GenBank 数据库也可以通过 FTP 协议进行访问，用户可以使用 FTP 客户端软件（如 FileZilla）连接到 GenBank 的 FTP 服务器，下载数据库中的数据。FTP 访问可以让用户下载大量数据，而不受 Web 界面的限制。

（3）编程接口

GenBank 数据库也提供了编程接口，可以使用编程语言（如 Python、Perl、Java等）编写程序来访问数据库。NCBI 提供了一些 API（Application Programming Interface），包括 Entrez API、eutils API、BioPython 等，可以让用户以编程的方式搜索、下载和处理数据库中的数据。

下面举一个实例说明如何使用 GenBank 数据库进行生物信息学研究。假设我们要研究一种细菌的基因组序列，并且想要下载它的基因组序列数据和注释信息。我们可以按照以下步骤进行：

①进入 GenBank 的网站，在搜索框中输入细菌的名称或者基因组 ID，点击搜索按钮。

②在搜索结果页面中找到目标基因组的记录，点击记录的名称进入详细页面。

③在详细页面中找到基因组序列的下载链接，选择需要的格式（如 FASTA 格式），并下载到本地计算机。

④在详细页面中找到注释信息的下载链接，选择需要的格式（如 GenBank 格式），并下载到本地计算机。

⑤使用生物信息学软件（如 NCBI BLAST、CLC Genomics Workbench、Geneious 等）对基因组序列进行比对、注释、进化分析等，利用注释信息进行基因预测、功能分析等。

⑥根据研究需要，利用编程接口对 GenBank 数据库进行访问，下载更多的序列数据和注释信息，进行数据挖掘、机器学习等研究。

总之，GenBank 数据库是一个非常重要的生命科学数据库，包含了大量的生物序列和相关的元数据信息，为生命科学研究提供了强有力的支持。通过 GenBank 数据库，研究者们可以访问和下载各种类型的序列数据和注释信息，进行生物信息学研究、数据挖掘、机器学习等工作。

除了以上所述的访问方式外，GenBank 数据库还提供了其他的访问方式，例如通过网络接口（Web Interface）进行访问。该接口提供了各种查询工具，包括关键词搜索、BLAST 搜索、限制性酶切位点搜索等，方便用户进行数据的查找和分析。此外，GenBank 数据库还支持 FTP 下载方式，用户可以通过 FTP 客户端软件直接下载序列数据和相关的元数据信息。

在实际的研究中，GenBank 数据库的数据访问形式非常灵活，研究者们可以根据自己的需求选择不同的访问方式，并利用编程技术进行数据的获取和处理。以下是一个利用 Python 编程语言访问 GenBank 数据库的实例。

```
#导入 biopython 库
from Bio inmport Entrez
#设置访问邮箱,方便 NCBI 联系
Entrez. emai1  ="your.  emai1@address. com"
构建查询语句
```

```
query ="Homo sapiens[Organism]ANDTP53[Gene]"
#向 NCBI 提交查询请求
handle = Entrez.esearch(db="nucleotide", term=query,retmax=100)
#解析返回的 XML 结果
record = Entrez.read(handle)
#从结果中提取所有的 ID 号 ia_1ist - record["IdList""]
#根据 ID 号批量下载序列数据
hand1e = Entrez.efetch(db="nucleotide", id=id_list, rettyp
pe="fasta",retmode="text")
#将序列数据保存到文件中
with open("tp53.fasta","w") as outfi1e:
outfi1e.write(hand1e.read)
```

上述代码中,我们首先通过 biopython 库的 Entrez 模块设置了自己的邮箱地址,然后构建了一个查询语句,指定了要查询的生物种类和基因名称。接着,我们向 NCBI 提交了查询请求,并解析了返回的 XML 结果,提取了所有符合条件的 ID 号。最后,我们根据这些 ID 号,利用 Entrez.efetch()函数批量下载了序列数据,并将其保存到了本地文件中。

需要注意的是,由于 GenBank 数据库中的数据非常庞大,因此在进行数据访问和下载时,需要注意数据量的大小和下载速度的问题,避免对服务器造成过大的负担。此外,在进行生物信息学研究时,还需要对数据进行预处理、清洗和整合,确保数据的质量和准确性。

2.2 DDBJ

DDBJ(DNA Data Bank of Japan)是日本的一个生命科学数据库,是全球三大核酸序列数据库之一,其他两个是 NCBI 的 GenBank 和欧洲生物信息研究所(EBI)的 ENA。DDBJ 的主要任务是存储、管理和分发核酸序列和相关信息,促进全球基因组和生物信息学领域的研究进展。

DDBJ 创建于 1984 年,是日本生命科学界的共同项目,由日本科学技术振兴机构(JST)和日本生物信息学中心(NBDC)共同运营。DDBJ 与 GenBank 和 ENA 密切合作,三个数据库共同建立了国际核酸序列数据库协作委员会(INSDC),共同制定了核酸序列存储和分享的标准和规范,确保了全球科研机构和

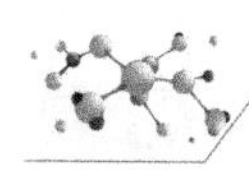

科学家能够自由地访问和使用这些宝贵的数据资源。

DDBJ 数据库的内容主要包括基因组序列、核酸序列、蛋白质序列、元数据、序列注释和序列相关的文献信息等。和 GenBank、ENA 一样，DDBJ 也采用了标准的数据格式和命名规则，以保证数据的互操作性和可重复性。DDBJ 目前存储了来自全球各地的约 7 亿条核酸序列和相关信息，这些数据涵盖了从细菌到高等生物的广泛物种范围，同时还包括了一些人工合成的 DNA 序列和药物、化学品等分子信息。

DDBJ 数据库的使用方式与 GenBank 和 ENA 类似，用户可以通过网站、FTP、API 等方式访问和下载数据。其中，DDBJ 的网站提供了一个直观的用户界面，可以进行简单的检索和浏览，同时还提供了一些工具和服务，如序列比对、序列注释、序列格式转换、BLAST 搜索等。此外，DDBJ 还提供了一些基于云计算的服务，如基因组组装、RNA 测序分析等，为生命科学研究提供了更加高效和方便的数据处理和分析平台。

DDBJ 数据库的数据资源对于生命科学研究和应用有着重要的意义。通过访问和利用这些数据资源，科学家可以更加深入地了解生命现象和生命系统，研究生物的进化、生长和发育机制，发现新的基因和蛋白质，以及开发新的药物和治疗方法等。在未来，生命科学技术和计算 DDBJ 数据库的应用将会更加广泛和深入。

2.2.1 DDBJ 数据库存储数据的类型

DDBJ(DNA Data Bank of Japan)存储了大量的核酸序列数据和相关的注释信息。这些数据资源对于生命科学研究和应用有着重要的意义，为了更好地了解 DDBJ 数据库的数据资源，这里将对 DDBJ 数据库存储数据的类型进行介绍。

(1)基因组序列(Genome Sequence)

基因组序列是指一个生物个体的所有基因序列组成的序列，通常包括了大量的非编码序列。在 DDBJ 数据库中，基因组序列通常以 FASTA 格式存储，每个序列都有一个唯一的标识符和描述性标题，包括了序列的长度、来源、作者、参考文献等元数据。与基因序列、mRNA 序列和蛋白质序列不同的是，基因组序列通常会包含一些附加信息，例如基因组大小、GC 含量、基因密度、反转录转座子数量等信息。

(2)mRNA 序列(mRNA Sequence)

mRNA 序列是指由 DNA 模板转录出来的 RNA 分子,是蛋白质合成的前体。在 DDBJ 数据库中,mRNA 序列也以 FASTA 格式存储,每个序列都有一个唯一的标识符和描述性标题,包括了序列的长度、来源、作者、参考文献等元数据。与基因组序列不同的是,mRNA 序列通常只包含编码区域,不包括非编码区域。

(3)蛋白质序列(Protein Sequence)

蛋白质序列是指由 mRNA 翻译出来的蛋白质分子,是细胞内最基本的生物大分子。在 DDBJ 数据库中,蛋白质序列也以 FASTA 格式存储,每个序列都有一个唯一的标识符和描述性标题,包括了序列的长度、来源、作者、参考文献等元数据。与基因组序列和 mRNA 序列不同的是,蛋白质序列通常只包含氨基酸序列,而不包括核苷酸序列。

(4)EST 序列(Expressed Sequence Tag Sequence)

EST 序列是指通过单一序列分析技术获得的、尚未经过完整注释的、具有表达功能的 cDNA 序列。在 DDBJ 数据库中,EST 序列也以 FASTA 格式存储,每个序列都有一个唯一的标识符和描述性标题,包括了序列的长度、来源、作者、参考文献等元数据信息。与基因组序列、基因序列、mRNA 序列和蛋白质序列不同的是,EST 序列具有一定的缺失和不确定性,其序列长度和完整性可能受到 PCR 扩增和测序技术的限制,因此在使用 EST 序列时需要谨慎考虑其可靠性和精确性。

(5)微生物和病毒序列(Microbial and Viral Sequences)

除了上述类型的序列外,DDBJ 数据库还包括了许多微生物和病毒序列。这些序列涵盖了广泛的微生物和病毒物种,包括细菌、病毒、真菌、原生生物等。这些序列主要以 FASTA 格式存储,包含了序列名称、长度、来源、作者、参考文献等元数据信息。这些微生物和病毒序列对于研究微生物和病毒的生物学特性、进化和病原性等具有重要的意义,也为药物和疫苗开发提供了重要的资源。

2.2.2 DDBJ 数据库存储数据的格式

DDBJ 数据库采用一系列标准格式来存储不同类型的生物信息数据,以便科学家和研究人员可以方便地访问和利用这些数据。下面将对 DDBJ 数据库中常见的数据格式进行简要介绍。

（1）FASTA 格式

FASTA 是一种用于序列比对和序列数据库搜索的广泛使用的格式。在 DDBJ 数据库中，FASTA 格式被用来存储 DNA 和蛋白质序列数据。FASTA 格式的文件包含两个部分：注释和序列。注释部分以“ > ”字符开头，后面跟着一些描述性的信息，如序列的名称、来源、作者等。序列部分是指 DNA 或蛋白质序列，由字符 A、C、G、T（对应 DNA）或 A、C、G、U（对应 RNA）表示。FASTA 格式具有简单、易读的特点，可以方便地用于序列分析、序列比对和序列搜索在 DDBJ 数据库中，基因组序列通常以 FASTA 格式存储。FASTA 格式是一种文本格式，包含了一些元数据和核酸或蛋白质序列数据。下面是一个基因组序列的 FASTA 格式示例。

```
>gi |48994855 |ref /NC_000913.3 | Escherichia coli str. K - 12 substr. MG1655, complete genome
GAACTGGTTACCTGCCGTGAGTAAATTAAAATTTTATTGACTTAGGTCACT
AAATACTTTAACCAATATAGGCTGACTAGGTCACTAAATGCTTACAATGTGGC
AGGACGGATTGTTATTGACTTAGGTGGACTAACTTTAACCAATATAGGCAGA
CTAGGTCAGGAAACTGGAACTGAGGCACAGTCTGAAATCAGGACTAATTT
TTTCTTTTTTTTGTATTTTTGAGACAGAGTCTTGCTCTGTCACCCAGGCTGGAGT
GCAGTGGCACGATCTTGGCTCACTGCAACCTCCACCTCCCAGGCTCAA
GCAATCCTCCTGCCTCAGCCTCCTGAGTAGCTGGGATTACAGGCATGAG
CCACCGCACTCCAGCCTGGGCGATACAGAGTGAGACTCCGTCTCAAA
AAAA
```

这个 FASTA 格式的示例包含了一个序列的元数据和核酸序列数据。首先，第一行以“ > ”开头，表示这是一个标题行。标题行包含了序列的唯一标识符和描述性信息。在这个示例中，序列的唯一标识符为“gi|48994855|ref|NC_000913.3|”，描述性信息为“Escherichia coli str. K - 12 substr. MG1655, complete genome”。接下来的几行是核酸序列数据，由四种碱基（A、T、C 和 G）组成。

在 DDBJ 数据库中，基因组序列通常也会包含一些附加信息，例如基因组大小、GC 含量、基因密度等信息。这些信息可以作为序列的元数据存储在数据库中,供用户进行检索和分析。除了基因组序列,DDBJ 数据库还存储了许多其他类型的生物信息学数据,如转录本序列、蛋白质序列、EST 序列等,这些数据的存储格式和元数据信息也与基因组序列类似。

(2)ASN.1 格式

ASN. 1(Abstract Syntax Notation One)是一种用于描述数据结构和交换的标准格式。在 DDBJ 数据库中,ASN. 1 格式被用来存储基因组和蛋白质序列注释数据。ASN. 1 格式的文件由一系列嵌套的块组成,每个块表示一个特定的数据结构。ASN. 1 格式的文件结构复杂,但具有高度的可扩展性和互操作性,可用于表示不同类型的生物信息数据,如序列、注释、序列特征等。以下是一个示例,展示了一个基因序列在 ASN. 1 格式下的表示。

```
Bioseq ::= SEQUENCE {
    id Seq-id,
    descr Seq-descr OPTIONAL,
    length INTEGER,
    seq Seq-data
}
Seq-id ::= SEQUENCE {
    local Seq-loc OPTIONAL,
    gibbsq INTEGER OPTIONAL,
    gi INTEGER OPTIONAL,
    general Seq-id-data
}
Seq-loc ::= SEQUENCE {
    id Seq-id OPTIONAL,
    start INTEGER OPTIONAL,
    stop INTEGER OPTIONAL,
    strand INTEGER OPTIONAL,
    fuzz Seq-loc-fuzz OPTIONAL,
    delta Seq-loc-delta OPTIONAL
}
Seq-descr ::= SETOF VisibleString
Seq-data ::= CHOICE {
```

```
iupacna IUPACna,
    iupacaa IUPACaa,
    ncbieaa NCBIeaa,
    ncbistdaa NCBIstdaa,
    other SEQUENCE {
        type VisibleString,
        data OCTET STRING
    }
}
IUPACna ::= OCTET STRING
```

在这个示例中,Bioseq 是一个序列的顶层表示,包括序列的 ID、描述性信息、长度和序列本身。Seq-id 定义了序列的 ID,可以是本地 ID、Gibbsq ID、GI ID 或其他特定类型的 ID。Seq-loc 描述了序列的位置和方向。Seq-descr 是序列的描述性信息,以可见字符串的形式表示。Seq-data 定义了序列的核苷酸序列,可以使用不同的编码方式(例如 IUPACna、NCBIeaa 等)。使用 ASN.1 格式存储数据可以提高数据的可靠性和可移植性,同时可以更有效地传输和共享数据。对于研究人员和数据分析人员来说,了解 ASN.1 格式可以帮助他们更好地理解和处理 DDBJ 数据库中存储的数据。

(3)XML 格式

XML(Extensible Markup Language)是一种广泛使用的标准格式,用于描述结构化数据和文档。在 DDBJ 数据库中,XML 格式被用来存储生物信息学数据,如基因组注释、序列特征等。XML 格式的文件由标签和数据组成,标签用来描述数据的结构和类型,数据用来表示实际的生物信息学数据。XML 格式具有良好的可扩展性和互操作性,可以方便地用于数据交换和存储。

(4)SRA 格式

SRA(Sequence Read Archive)是一种用于存储高通量测序数据的标准格式。在 DDBJ 数据库中,SRA 格式被用来存储从各种高通量测序平台(如 Illumina、PacBio 等)生成的原始测序数据。SRA 格式的文件由一系列元数据和测序数据组成,元数据包括测序平台、测序文库、样本来源等信息,测序数据包括测序读取和质量信息等。SRA 格式具有高度的可扩展性和互操作性,可以方便地用于存储和共享高通量测序数据。

DDBJ 数据库中还支持其他的格式，如 BioProject、BioSample 和 DRA（DDBJ Sequence Read Archive）等。

BioProject 是指一个生物学研究项目的集合，包括了相关的数据和元数据信息。在 DDBJ 数据库中，BioProject 数据以 XML 格式存储，每个 BioProject 包括了项目名称、描述、负责人、研究目的、研究计划、样本来源、实验方法等元数据信息。BioProject 数据还包括了与该项目相关的测序数据、组装数据、注释数据等信息。通过访问 BioProject 数据，科学家可以了解到特定研究项目的相关信息，并获取该项目所产生的各种数据资源。

BioSample 是指生物样品的相关信息，包括了样品来源、处理方法、测序方法等信息。在 DDBJ 数据库中，BioSample 数据以 XML 格式存储，每个 BioSample 包括了样品名称、描述、分类、来源、处理方法、测序方法等元数据信息。BioSample数据还包括了与该样品相关的测序数据、组装数据、注释数据等信息。通过访问 BioSample 数据，科学家可以了解到特定样品的相关信息，并获取该样品所产生的各种数据资源。

DRA（DDBJ Sequence Read Archive）是指 DDBJ 数据库中存储的高通量测序数据的一种特殊格式。与 SRA 格式相似，DRA 格式的文件由一系列元数据和测序数据组成，元数据包括测序平台、测序文库、样本来源等信息，测序数据包括测序读取和质量信息等。DRA 格式的数据还包括了序列比对结果、基因注释结果等信息。通过访问 DRA 格式的数据，科学家可以获取更详细的测序数据信息，并进行更深入的分析和研究。

除了以上几种格式之外，DDBJ 数据库还支持其他的格式，如 GEA（Gene Expression Omnibus）和 JGA（Japanese Genotype-phenotype Archive）等。GEA 格式用于存储基因表达数据，JGA 格式用于存储遗传多态性和表型数据。这些格式的存在使得 DDBJ 数据库成为一个非常丰富的生物信息资源库，为生命科学研究和应用提供了重要的支持。

2.2.3 DDBJ 数据库数据的访问形式

DDBJ 数据库提供了多种数据访问方式，包括网页界面、FTP 下载、SOAP 和 REST Web 服务等。其中，网页界面是最常用的方式之一，因为它不需要任何额外的工具或软件，只需要一个网络连接和一个支持 Web 浏览器即可。DDBJ 网页界面提供了各种功能，包括数据搜索、下载、提交和注释等。在这里，我们将介绍如何通过 DDBJ 网页界面访问数据。

首先，访问 DDBJ 数据库的主页，您将看到一个包含多个选项卡的导航栏。在这里，您可以选择要访问的不同数据类型和工具。例如，如果您想访问 DNA 序列数据，您可以单击“DNA Data Bank”选项卡。这将带您到一个新的页面，其中包含各种搜索和浏览选项。

在这个页面上，您可以选择不同的搜索选项来查找特定的 DNA 序列。例如，您可以输入一个序列的名称、关键字、基因名称或物种名称来搜索。您还可以通过选择不同的筛选器来进一步缩小搜索结果，例如序列长度、测序平台和测序策略等。

一旦您找到了所需的序列，您可以单击该序列的名称以查看更多详细信息，例如序列长度、参考文献、注释和物种信息等。您还可以下载序列数据以进行后续分析，例如比对、装配和注释等。此外，DDBJ 还提供了一些工具和服务，例如序列比对、分析和注释工具，以帮助用户更好地利用这些数据资源。

除了网页界面之外，DDBJ 数据库还提供了 FTP 下载、SOAP 和 REST Web 服务等多种数据访问方式。FTP 下载适用于需要下载大量数据的用户，而 SOAP 和 REST Web 服务适用于需要以编程方式自动访问和处理数据的用户。这些数据访问方式需要一些编程和技术知识，但它们可以提供更加灵活和高效的数据处理和分析功能。在这里的最后，我们提供一个 DDBJ 数据库的实例，以演示如何访问和下载数据。假设您想下载一个名为“NM_001172”的基因的 DNA 序列和注释信息，可以按照以下步骤进行：

①打开 DDBJ 数据库网站。

②在网站上方的搜索框中输入“NM_001172”并选择“Nucleotide”作为搜索类型。点击“Search”按钮进行搜索。

③在搜索结果页面中找到名为“NM_001172.3 Homo sapiens fibrinogen alpha chain (FGA) mRNA, complete cds”的条目，并点击该条目。

④在该条目的详细信息页面中，可以看到 DNA 序列和注释信息。如果需要下载序列数据，可以点击页面右上方的“Download”按钮，并选择需要下载的文件格式。

⑤如果需要使用编程接口进行访问和下载数据，则可以使用 DDBJ 提供的 API 进行访问。该 API 提供了各种 API 端点和参数，可以根据需要获取特定类型的数据。例如，要获取名为“NM_001172”的核苷酸序列，可以使用以下命令：

Curl-X GEThttps

上述命令将返回名为"NM_001172"的核苷酸序列的信息,包括序列、注释、来源等信息。可以根据需要使用编程语言(如 Python)进行进一步处理和分析。

总之,DDBJ 数据库作为世界上最大的 DNA 序列数据库之一,为生命科学研究提供了重要的数据资源。科学家可以通过访问和利用这些数据资源,研究生物的进化、生长和发育机制,发现新的基因和蛋白质,以及开发新的药物和治疗方法等。在未来,随着生命科学技术和计算能力的不断发展,DDBJ 数据库将继续发挥重要作用,为生命科学研究做出贡献。

2.3 EBI

EBI(European Bioinformatics Institute)是欧洲生物信息学研究所,是欧洲分子生物学实验室(EMBL)的一部分。EBI 数据库是一个重要的生物信息学资源,提供了许多有关基因、蛋白质、化学物质、序列和结构数据的信息。这里将对 EBI 数据库进行详细介绍,包括它的发展历程、组成结构、数据来源、数据内容以及对生物科学研究的贡献等方面。

EBI 数据库的发展可以追溯到 20 世纪 70 年代,当时 EMBL 成立了一个计算机部门,开始致力于生物信息学研究。随着计算机技术和生物学技术的迅猛发展,EBI 数据库也在不断扩大和更新。1992 年,EBI 数据库首次面向全球开放,提供了生物信息学领域内最具有代表性的数据库之一——EMBL 数据库。之后,EBI 数据库不断增加新的数据库,如 SWISS-PROT、PIR、PIR-PSD、GenBank、DDBJ 等,成为全球最大的生物信息学数据库之一。2003 年,EBI 成为欧洲分子生物学实验室(EMBL)的一部分,现在 EBI 已经成为欧洲生物信息学的中心。

EBI 数据库是由多个独立的数据库和服务组成的。这些数据库包括 EMBL 数据库,是欧洲生物信息学研究所(EMBL)维护的一个基因组和转录组序列数据库。EMBL 数据库包含了来自各种生物体的 DNA 和 RNA 序列,这些序列被收集、注释和存储,为基因组研究和生物学研究提供了丰富的资源。

(1)UniProt

UniProt 是一个联合维护的蛋白质序列数据库,由 EMBL、Swiss Institute of Bioinformatics(SIB)和 Protein Information Resource(PIR)三家组织共同维护。UniProt 收集了全球范围内各种生物体的蛋白质序列信息,同时提供了这些蛋白质的注释信息、生物学信息、相互作用信息和结构信息等。

(2)ENA

ENA是欧洲核酸数据库,由EMBL和欧洲分子生物学实验室的其他部门维护。ENA收集和存储了来自全球各种生物体的DNA、RNA和多种基因组数据,同时提供了这些数据的注释信息和序列质量评估工具等服务。

(3)PDBe

PDBe是欧洲蛋白质数据银行,是由EMBL-EBI和RCSB(Research Collaboratory for Structural Bioinformatics)合作维护的蛋白质结构数据库。PDBe收集和存储了来自全球范围内的蛋白质结构信息,同时提供了这些结构的注释信息、分析工具和可视化工具等服务。

(4)ArrayExpress

ArrayExpress是一个基因表达数据库,由EMBL-EBI维护。ArrayExpress收集和存储了来自全球各种生物体的基因表达数据,同时提供了数据的注释信息、分析工具和可视化工具等服务。

(5)ChEMBL

ChEMBL是一个生物活性分子数据库,由EMBL-EBI维护。ChEMBL收集和存储了来自全球各种生物体的生物活性分子信息,同时提供了这些分子的注释信息、化学信息和生物活性数据等。

除了以上的数据库之外,EBI数据库还提供了一些其他的服务和工具,如生物信息学工具箱(Bioinformatics Toolkit)、数据分析平台(Galaxy)等。这些工具和服务为生物科学研究提供了强大的支持。EBI数据库的数据来源十分广泛,包括来自全球各种生物体的数据、来自各种研究机构和组织的数据、来自各种研究项目和合作伙伴的数据等。其中,EMBL数据库和UniProt数据库是EBI数据库的核心数据库,收集了大量来自全球各种生物体的基因组和蛋白质序列信息。ENA数据库则收集了全球各种生物体的DNA、RNA和多种基因组数据,包括测序数据、注释数据等。

除了以上核心数据库之外,PDBe数据库收集了来自全球各种研究机构和组织的蛋白质结构数据,ArrayExpress数据库收集了来自全球各种生物体的基因表达数据，ChEMBL 数据库收集了来自全球各种研究项目和合作伙伴的生物活性分子信息。

EBI 数据库涵盖了许多生物学领域的数据，包括基因组数据、转录组数据、蛋白质序列数据、蛋白质结构数据、基因表达数据、生物活性分子数据等。其中，EMBL 数据库收集了来自全球各种生物体的基因组和转录组数据，UniProt 数据库收集了全球范围内各种生物体的蛋白质序列信息，并提供了这些蛋白质的注释信息、生物学信息、相互作用信息和结构信息。

2.3.1 EMBL

EMBL 数据库的数据来源十分广泛，包括来自全球各种生物体的基因组和转录组数据、来自各种研究机构和组织的数据、来自各种研究项目和合作伙伴的数据等。这些数据都经过了高质量的测序和注释，并经过了严格的质量控制，可以为科学家们提供有力的数据支持。

EMBL 数据库涵盖了许多生物学领域的数据，包括基因组数据、转录组数据、蛋白质序列数据等。其中，基因组数据是 EMBL 数据库的主要内容之一，包括来自全球各种生物体的基因组序列信息。这些基因组序列信息包括了基因的序列信息、基因的位置和结构信息、基因的功能信息等。另外，EMBL 数据库还包括了转录组数据，这些数据反映了生物体在不同的组织、器官、时期等条件下基因表达的变化情况，可以帮助科学家们深入了解生物体内基因的调控和功能。

此外，EMBL 数据库还包括了大量的蛋白质序列数据，这些数据涵盖了全球范围内各种生物体的蛋白质序列信息，并提供了这些蛋白质的注释信息、生物学信息、相互作用信息和结构信息等。这些数据可以为生物学研究提供有力的支持。

除了数据外，EMBL 数据库还提供了一些其他的服务和工具，如搜索引擎(EMBL-EBI Search)、序列分析工具(EMBL-EBI Tools)、生物信息学工具箱(Bioinformatics Toolkit)等。这些工具和服务为生物科学研究提供了强大的支持。EMBL-EBI Search 是一个针对 EMBL 数据库和其他 EBI 数据库的搜索引擎，可以帮助用户快速、准确地搜索所需的数据。EMBL-EBI Tools 是一个针对序列数据的分析工具，可以帮助用户对序列数据进行比对、注释、序列编辑等操作。Bioinformatics Toolkit 是一个集成了多种生物信息学工具的平台，可以帮助用户进行各种生物信息学。

2.3.2 EMBL 数据库存储数据的类型

EMBL 数据库存储的数据类型非常丰富，EMBL 数据库存储的数据类型及其特点包含以下几方面：

(1)基因组数据

基因组数据是 EMBL 数据库的主要内容之一，它包括来自全球各种生物体的基因组序列信息。这些基因组序列信息可以被用于许多生物学领域的研究，包括基因结构和功能的研究、基因演化和进化的研究、基因组注释和序列比对等方面。

基因组数据可以分为两种类型：完整基因组和部分基因组。完整基因组是指整个生物体的基因组序列信息，包括所有染色体的序列信息和有丝分裂和减数分裂的 DNA 序列信息。部分基因组是指仅包含某一或几个染色体、片段或基因的基因组序列信息。基因组数据在 EMBL 数据库中以 FASTA 格式存储，其中包括序列名称、序列描述、序列长度等信息。

(2)转录组数据

转录组数据反映了生物体在不同的组织、器官、时期等条件下基因表达的变化情况。转录组数据在生物学研究中具有很高的应用价值，可以帮助科学家们深入了解生物体内基因的调控和功能。转录组数据在 EMBL 数据库中以表达序列标签(EST)和全长 cDNA 序列的形式存储。EST 是由转录本中的部分序列通过单次测序获得的序列，是一种快速高效的基因表达信息获取方式。全长 cDNA 序列则是指已确定了整个转录本的序列信息。

转录组数据的注释信息包括序列名称、序列描述、注释信息、序列长度等，同时也包括转录本的基因组位置信息和基因表达的条件信息等。

(3)蛋白质序列数据

蛋白质序列数据是指各种生物体的蛋白质序列信息，它可以用于蛋白质结构和功能的研究、蛋白质相互作用和信号传递的研究等方面。蛋白质序列数据在 EMBL 数据库中以 FASTA 格式存储，其中包括序列名称、序列描述、序列长度、蛋白质注释信息等。蛋白质注释信息包括蛋白质名称、功能、结构域、修饰等。其中,蛋白质名称是指蛋白质的通用名称或特定名称,如酶名、激素名、受体名等;蛋白质功能是指蛋白质在生物体内的作用,如催化反应、传递信号等;结构域则是指蛋白质分子中具有特定功能的结构单元;修饰是指蛋白质分子中的化学修饰,如磷酸化、甲基化等,这些化学修饰可以影响蛋白质的功能和相互作用。

EMBL 数据库中的蛋白质序列数据是从各种生物体的基因组数据中预测出来的,因此蛋白质序列数据的质量受到预测算法和基因组数据的影响。为了提高蛋白质序列数据的准确性,EMBL 数据库会对蛋白质序列数据进行筛选和修正。此外,EMBL 数据库还提供了各种工具和服务,如蛋白质序列比对、蛋白质序列分析等,以帮助科学家们更好地利用蛋白质序列数据进行研究。

(4)序列注释信息

除了基因组、转录组和蛋白质序列数据外,EMBL 数据库还存储了大量的序列注释信息。序列注释信息包括序列特征、基因注释、蛋白质注释、启动子、剪接位点、调控元件等。这些注释信息可以帮助科学家们更好地理解基因组结构和功能。

序列注释信息在 EMBL 数据库中以注释文件(Flat File)的形式存储,其中包括序列名称、注释信息的类型、注释信息的值等。为了便于科学家们的查阅和使用,EMBL 数据库还提供了各种注释信息的搜索和浏览工具。

EMBL 数据库存储的数据类型非常丰富,包括基因组、转录组、蛋白质序列数据和序列注释信息等。这些数据类型可以帮助科学家们深入了解生物体内基因的结构和功能,为各种生物学研究提供了强有力的支持。同时,EMBL 数据库也不断更新和完善自身的数据和服务,以满足科学家们的不断需求,为生物学研究的进步做出贡献。

2.3.3 EMBL 数据库存储数据的格式

EMBL 数据库采用一种被称为 EMBL 格式的标准格式来存储数据。这种格式采用文本文件的形式进行存储,并且采用了一种固定的格式来描述每一个序列的特性。每一个序列的特性都被存储在一行之中,并且每一行都以一个特定的标识符开头。这些标识符包括:

ID:该序列的名称和长度。

AC:该序列的访问代码。

DT:该序列的日期。

DE:该序列的描述信息。

KW:该序列的关键字。

OS:该序列的源生物种类。

OC:该序列的分类信息。

OX:该序列的有机体分类代码。

RN:该序列的参考文献编号。

RP:该序列的参考文献位置。

RX:该序列的参考文献相关信息。

CC:该序列的评论信息。

FH:该序列的特征信息。

SQ:该序列的序列信息。

每一行的开头标识符后面紧跟着一些必要的信息,这些信息用空格或者制表符进行分隔。不同的标识符包含的信息也不同,例如,ID 标识符包含序列的名称和长度,而 FH 标识符包含该序列的特征信息。

下面是 EMBL 数据库中一个 DNA 序列的实例,该序列存储了一段来自 Escherichia coli K12 菌株的 plasmid pBR322 的 DNA 序列。

```
ID X04425; SV 1; linear; genomic DNA; STD; PRO; 5091 BP.
XX
AC X04425;
XX
DT 27-JUN-1989 (Rel. 21, Created)
DT 27-JUN-1989 (Rel. 21, Last updated, Version 1)
XX
DE Escherichia coli K12 plasmid pBR322, complete sequence.
XX
KW .
XX
OS Escherichia coli K12
OC Bacteria; Proteobacteria; Gammaproteobacteria; Enterobacte-
rales;
```

```
OC Enterobacteriaceae; Escherichia.
XX
RN [1]
RP 1-5091
RX DOI; 10.1002/bies.950040405. SOURCE.
XX
CC Draft sequence, partially available in EMBL data library.
CC Genome project: E. coli.
XX
FH Key Location/
```

2.3.4　EMBL 数据库数据的访问形式

为了更加方便地访问和利用这些数据,EMBL 数据库提供了多种不同的访问形式,包括网站、API 和 FTP 等形式。

EMBL 数据库的网站提供了一个非常友好的用户界面,用户可以通过该网站直接搜索和访问其中的数据。该网站提供了多种不同的搜索和浏览方式,用户可以根据序列名称、关键字、生物种类和分类信息等进行搜索和筛选。此外,该网站还提供了一些数据分析和比较工具,例如,序列比对工具、序列转换工具和序列注释工具等,可以帮助用户更加方便地利用数据库中的数据。

EMBL 数据库还提供了一个 API(Application Programming Interface)接口,该接口允许用户通过编程方式访问其中的数据。使用 API 接口可以让用户更加方便地获取和处理数据库中的数据,例如,可以通过 API 接口批量下载序列数据,进行序列比对和注释等操作。使用 API 接口需要一定的编程能力和开发经验,但是它可以帮助用户更加灵活地利用 EMBL 数据库中的数据。

EMBL 数据库还提供了 FTP(File Transfer Protocol)访问方式,用户可以通过 FTP 协议访问数据库中的数据。使用 FTP 访问方式可以帮助用户更加快速地下载大量数据,例如,可以通过 FTP 访问方式下载整个数据库中的所有序列数据。使用 FTP 访问方式需要一定的技术和网络知识,但是它可以帮助用户更加灵活地利用 EMBL 数据库中的数据。

下面是一个通过 EMBL 数据库网站访问序列数据的实例。假设我们需要访问一个名为“NM_000492”的人类基因序列数据,可以按照以下步骤进行:

①打开 EMBL 数据库的网站。

②在搜索框中输入“NM_000492”。

③点击“Search”按钮进行搜索。

④在搜索结果页面中找到名为“NM_000492”的序列数据，并点击该数据的名称进行访问。

⑤在序列数据页面中可以查看该序列的详细信息，包括序列的名称、长度、描述信息、参考文献等。可以通过“Download”按钮下载该序列的数据文件，或者通过“View Sequence”按钮查看该序列的序，在序列数据页面中，可以使用各种工具和功能对该序列进行分析和比较。例如，可以使用“Sequence Viewer”工具查看序列的结构和特征，使用“BLAST”工具比对该序列和其他序列的相似性，使用“Annotation”工具获取该序列的注释信息等。

⑥如果需要查看该序列的相关信息和数据，可以使用页面上的链接或菜单进行导航。例如，可以点击“References”选项卡查看与该序列相关的参考文献，或者点击“Cross-references”选项卡查看该序列在其他数据库中的相关数据。

⑦如果需要下载该序列的其他格式的数据文件，可以点击页面上的“Download”按钮，选择需要的格式进行下载。EMBL 数据库支持多种不同的数据格式，包括 FASTA、GenBank、EMBL 和 GFF 等格式，用户可以根据自己的需要选择不同的格式进行下载。

⑧如果需要利用该序列进行进一步的研究或分析，可以将该序列导入到其他生物信息学工具或软件中进行处理。例如，可以将该序列导入到序列比对软件中进行比对分析，或者将该序列导入到序列注释软件中进行注释分析。

为了更加方便地访问和利用这些数据，EMBL 数据库提供了多种不同的访问形式，包括网站、API 和 FTP 等形式。用户可以根据自己的需要选择不同的访问形式，以便更加方便地获取和处理 EMBL 数据库中的数据。在访问 EMBL 数据库时，用户应该了解数据库中数据的存储格式和数据的访问方式，以便更加高效地利用这些数据。

2.3.5 EMBL 数据库数据 ID 编码的形式

在 EMBL 数据库中，每条序列都有一个独特的 ID 编码，该编码由 EMBL 数据库为每个序列分配。这里将介绍 EMBL 数据库数据 ID 编码的形式及其实例。

EMBL 数据库数据 ID 编码的形式由两个部分组成：前缀和数字部分。其中，前缀部分是一个由两个字母组成的代码，代表了该序列所属的物种或来源。例如，人类基因组序列的前缀为“HS”，小鼠基因组序列的前缀为“MM”，大肠杆菌基因组序列的前缀为“EC”等。数字部分是一个由数字和字母组成的代码，代表了该序列在 EMBL 数据库中的唯一编号。例如，人类基因组序列的编号为“AY928804”，小鼠基因组序列的编号为“BC117233”，大肠杆菌基因组序列的编号为“CP002614”等。

以下是几个 EMBL 数据库数据 ID 编码的实例。

人类基因组序列 ID 编码：HSBGPG Human gene for bone gla protein（BGP），complete cds. ID：AY928804。

该序列的前缀为“HS”，数字部分为“AY928804”，表示该序列是人类基因组中的一条序列，是 EMBL 数据库中的第 928804 个序列。

小鼠基因组序列 ID 编码：MmPax6 Mouse paired box gene 6（Pax6），mRNA. ID：BC117233。

该序列的前缀为“MM”，数字部分为“BC117233”，表示该序列是小鼠基因组中的一条序列，是 EMBL 数据库中的第 117233 个序列。

大肠杆菌基因组序列 ID 编码：ECO57A1 E. coli O157：H7 str. Sakai，complete genome. ID：CP002614。

该序列的前缀为“EC”，数字部分为“CP002614”，表示该序列是大肠杆菌基因组中的一条序列，是 EMBL 数据库中的第 2614 个序列。

EMBL 数据库数据 ID 编码的形式由两个部分组成：前缀和数字部分。前缀代表了该序列所属的物种或来源，数字部分代表了该序列在 EMBL 数据库中的唯一编号。在 EMBL 数据库中，每条序列都有一个独特的 ID 编码，该编码可以方便地用于对序列进行唯一标识和查询。

第三章　基因组数据库

基因组数据库是存储基因组序列和相关注释信息的大型生物信息学数据库，它们包含了各种生物的基因组信息，包括原核生物和真核生物。这些数据库是基因组研究和生物学研究的重要资源，提供了广泛的基因组信息和相关数据，以帮助科学家研究和理解生物学系统。这里将介绍基因组数据库的一些基本概念和几个重要的基因组数据库。

基因组数据库是一种大型的生物信息学数据库，它们存储了各种生物的基因组序列和相关注释信息。这些基因组序列是 DNA 序列的完整拷贝，包括生物体所有的基因、基因间区域和非编码区域。注释信息包括基因的位置、结构、功能、表达和调控等方面的信息。基因组数据库提供了各种工具和资源，以帮助科学家研究和理解生物学系统。

基因组数据库包括原核生物和真核生物的基因组数据，这些数据来源于许多不同的生物学实验室和组织，包括全基因组测序项目和单个基因组测序项目。其中一些数据库允许用户访问和下载基因组序列和注释信息，以及使用各种基因组分析工具。

目前，有许多不同的基因组数据库可供科学家使用，这些数据库具有不同的目的和特点。以下是几个常见的基因组数据库。

(1) NCBI 基因组数据库

NCBI(National Center for Biotechnology Information)是一个美国国家医学图书馆下属的生物技术信息中心。NCBI 基因组数据库是一个包含数百个生物物种的基因组序列和相关注释信息的数据库。NCBI 基因组数据库提供了广泛的搜索和浏览工具，以帮助用户查找和使用基因组数据。该数据库还包括许多相关数据库，如 GenBank、RefSeq 和 dbSNP 等。

(2) Ensembl 基因组数据库

Ensembl 是一个由欧洲生物信息研究所(EMBL-EBI)和威尔士基因组中心合作开发的基因组数据库。该数据库包括了多种真核生物的基因组序列和相关注释信息,包括人类、小鼠、果蝇、斑马鱼等。Ensembl 基因组数据库提供了各种功能和工具,以帮助用户查找和使用基因组数据。

(3) UCSC 基因组数据库

UCSC(University of California, Santa Cruz)基因组数据库是一个由加利福尼亚大学圣克鲁斯分校开发的基因组数据库,旨在提供生物学研究者和科学家使用的全面和可访问的基因组数据和工具。UCSC 基因组数据库提供了多种物种的基因组数据和相关注释信息,包括人类、小鼠、斑马鱼、果蝇等。

UCSC 基因组数据库的特点之一是其使用的基因组浏览器,它是一个交互式的在线工具,可以用于浏览、查询、注释和比较基因组序列。基因组浏览器提供了多种浏览模式,包括线性、环状、染色体和连续基因序列等。用户可以通过该浏览器查看基因的位置、结构、调控元件、基因表达和调控网络等信息。

UCSC 基因组数据库还提供了多种基因组注释信息和工具,包括基因、蛋白质、序列变异和基因组功能注释等。该数据库还提供了许多其他的数据和工具,如 RNA-seq 数据、ChIP-seq 数据、转录因子结合位点、调控元件等,这些数据和工具可以帮助用户深入研究基因组的生物学机制和功能。

除了上述三个基因组数据库外,还有许多其他的基因组数据库可供选择,包括基因组浏览器、基因组比较工具、基因组功能注释工具等。这些工具和资源可以帮助生物学研究者更好地理解和解释基因组数据,推动生物学研究和生命科学的发展。

基因组数据库是一个重要的生物信息学资源,可以帮助生物学研究者存储、管理、分析和解释基因组数据。这些数据库包括原核生物和真核生物的基因组数据,提供了各种注释信息和工具,以帮助用户深入了解基因组的生物学机制和功能。这里介绍了几个常见的基因组数据库,包括 NCBI 基因组数据库、Ensembl 基因组数据库和 UCSC 基因组数据库。每个基因组数据库都有其独特的特点和功能,生物学研究者可以根据自己的需要选择适合自己的数据库和工具,以便更好地进行基因组研究。

3.1 Ensembl

Ensembl 数据库涵盖了多种物种的基因组数据和相关注释信息，包括人类、小鼠、果蝇、斑马鱼等。这里将介绍 Ensembl 基因组数据库的主要特点、功能和应用。

Ensembl 数据库是一个在线的基因组浏览器和注释系统，提供了多种基因组数据和注释信息，包括基因、转录本、蛋白质、序列变异、基因表达和调控元件等。该数据库还提供了多种工具和资源，如 BLAST、多序列比对、基因组注释工具等，可以帮助生物学研究者更好地分析和解释基因组数据。

Ensembl 数据库涵盖了多种物种的基因组数据和相关注释信息，包括人类、小鼠、果蝇、斑马鱼等。其中，人类基因组是 Ensembl 数据库的核心，包含了大约 20 000 个基因和 40 000 个转录本。此外，Ensembl 数据库还包括了多种模式生物的基因组数据和注释信息，如小麦、拟南芥、玉米等。

Ensembl 数据库提供了多种数据访问和查询方式，用户可以根据自己的需要选择合适的方式进行查询和分析。其中，最常用的查询方式包括：

①基因组浏览器：Ensembl 基因组浏览器是一个交互式的在线工具，用户可以通过该浏览器查看基因组序列的位置、结构、调控元件、基因表达和调控网络等信息。

②基因查询：用户可以通过基因名称或基因 ID 查询特定基因的相关信息，如基因结构、转录本、蛋白质、序列变异、表达谱等。

③序列查询：用户可以通过序列查询工具搜索基因组中的序列，包括 DNA 序列、蛋白质序列和 ncRNA 序列等。

④比较基因组：Ensembl 数据库提供了多种比较基因组工具，用户可以比较不同物种或同一物种不同个体的基因组序列，以研究基因组演化和功能分化。

Ensembl 数据库还提供了多种数据分析和注释工具，这些工具可以帮助生物学研究者更好地分析和解释基因组数据。以下是 Ensembl 数据库常用的数据分析和注释工具：

①BLAST：Ensembl 数据库提供了基于 NCBI BLAST 的搜索工具，用户可以将自己的序列与 Ensembl 数据库中的序列比对，以确定序列的相似性和可能的功能。

②多序列比对：Ensembl 数据库提供了多种多序列比对工具，包括 MAFFT、

MUSCLE 等。用户可以比较不同物种或同一物种不同个体的基因组序列，以研究基因组演化和功能分化。

③基因组注释工具：Ensembl 数据库提供了多种基因组注释工具，包括 SNP 注释、功能预测、GO 注释等。这些工具可以帮助用户更好地理解基因的功能和可能的调控机制。

④基因表达谱分析：Ensembl 数据库提供了多种基因表达谱分析工具，用户可以在不同的组织、细胞类型和生理状态下分析基因的表达水平和调控机制。

⑤调控元件预测工具：Ensembl 数据库提供了多种调控元件预测工具，包括转录因子结合位点、启动子和增强子等。这些工具可以帮助用户预测基因的调控元件，以研究基因调控机制和生物学过程。

Ensembl 数据库已经成了生命科学研究中不可或缺的基因组数据库和工具。以下是 Ensembl 数据库在生命科学研究中的应用案例：

①基因功能研究：Ensembl 数据库提供了基因结构、转录本、蛋白质等相关信息，可以帮助生物学研究者更好地理解基因的功能和可能的调控机制。基因组演化和功能分化研究：Ensembl 数据库提供了多种比较基因组工具和多序列比对工具，可以帮助生物学研究者比较不同物种或同一物种不同个体的基因组序列，以研究基因组演化和功能分化。

②基因调控研究：Ensembl 数据库提供了调控元件预测工具和基因表达谱分析工具，可以帮助生物学研究者预测基因的调控元件和分析基因在不同组织、细胞类型和生理状态下的表达水平和调控机制。

3.1.1 Ensembl 基因组数据库存储数据的类型

Ensembl 基因组数据库是一个重要的基因组学资源，存储了各种类型的基因组数据，包括基因组序列、基因注释、基因表达、基因组结构、比较基因组、蛋白质结构和其他类型数据。以下将详细介绍每种数据类型的内容和应用。

(1)基因组序列数据

Ensembl 数据库存储了多种物种的基因组序列数据，包括参考基因组和多个亚种或个体的变异序列。这些数据可用于各种基因组学研究，如基因注释、基因组结构分析、比较基因组学研究等。

参考基因组是指某一物种中一个或多个亲本基因组序列的组合，用于标准化该物种的基因组序列。Ensembl 数据库中存储了多种物种的参考基因组，包括人类、小鼠、大鼠、小麦等。这些参考基因组序列已经被定位和组装，提供了基因组结构和功能注释的基础。

除了参考基因组，Ensembl 数据库还存储了多个物种的个体基因组序列，这些个体基因组序列包含了变异信息，可用于个体差异分析和进化研究。例如，人类个体基因组序列数据可用于发现遗传变异和疾病相关基因。

(2)基因注释数据

基因注释是将基因组序列信息转化为生物学功能的过程，包括基因位置、转录本、外显子、启动子、调控元件、变异等信息。Ensembl 数据库提供了全面的基因注释信息，涵盖了多种物种，可用于各种分析，例如基因表达分析、功能注释和系统生物学研究。

①基因位置：Ensembl 数据库中存储了每个基因的位置信息，包括染色体位置、起始和终止位置等。这些信息可用于基因组结构分析和基因调控研究。

②转录本：Ensembl 数据库存储了多种物种的基因转录本信息，包括编码和非编码 RNA。这些转录本信息可用于基因表达和调控研究，例如选择性剪接和表达调节。

③外显子：Ensembl 数据库存储了多种物种基因的外显子信息，包括外显子序列、位置和功能注释等。外显子是编码蛋白质的基本单位，研究外显子的结构和功能对于理解基因的调控和表达具有重要意义。

(3)启动子和调控元件

Ensembl 数据库存储了多种物种基因的启动子和调控元件信息，这些元件对于基因的表达调控和调节非常重要。启动子是转录的起始位点，是 RNA 聚合酶与 DNA 结合的区域，负责基因的转录起始；而调控元件则是能够调节基因表达的 DNA 序列，包括增强子、沉默子、启动子、增强子等。Ensembl 数据库中包含了大量物种的启动子和调控元件信息，可以帮助生物学研究者理解基因的调控机制，从而研究基因的表达模式和调节过程。

(4)miRNA 和 siRNA

Ensembl 数据库存储了多种物种的 miRNA 和 siRNA 信息，这些小分子 RNA 在基因调控和表达方面起着非常重要的作用。miRNA 和 siRNA 是通过与 mRNA 结合来实现基因表达调控的，它们能够影响 mRNA 的稳定性和翻译，从而影响基因的表达水平。Ensembl 数据库中的 miRNA 和 siRNA 信息可以帮助研究者理解基因表达调控的机制,从而研究基因表达的调控机制和调控因素。

(5)基因家族和同源序列

Ensembl 数据库存储了多种物种的基因家族和同源序列信息,这些信息对于研究物种间基因的进化关系和基因家族的功能具有重要意义。基因家族是具有相似序列和结构的一组基因,这些基因通常具有相似的功能和表达模式;而同源序列则是不同物种中具有相似序列和功能的基因。Ensembl 数据库中的基因家族和同源序列信息可以帮助生物学研究者理解基因的进化和功能,从而更好地研究基因的表达和调控机制。

Ensembl 数据库是一个包含大量物种基因组信息的综合数据库,存储了基因组序列、基因注释、基因表达谱、SNP、调控元件、miRNA、基因家族和同源序列等多种类型的数据。这些数据可以帮助生物学研究者理解基因的结构、功能和表达调控机制,从而更好地研究基因的生物学意义和在人类疾病等方面的应用。同时,Ensembl 数据库还提供了多种数据查询、数据分析和注释工具,为生物学研究者提供了丰富的数据资源和工具,帮助他们更好地理解基因的结构、功能和调控机制,并在生命科学、医学和农业等领域做出更有意义的贡献。

3.1.2 Ensembl 基因组数据库存储数据的格式

为了能够高效地存储、查询、处理和分析这些数据,Ensembl 数据库使用了一系列数据格式和规范。这里将介绍 Ensembl 数据库中常见的数据格式和规范。

(1)GTF/GFF 格式

GTF(Gene Transfer Format)和 GFF(General Feature Format)格式是常用的基因注释数据格式。它们是一种文本格式,用于存储基因注释信息,包括基因、外显子、转录本、CDS、UTR、启动子、转录因子结合位点等注释信息。每个注释信息都由一个特定的注释类型(例如 gene、exon、transcript 等)和其相关属性(例如位置、名称、描述信息等)组成。GTF 格式由 9 个字段组成,包括染色体名称、来源、注释类型、起始位置、结束位置、分值、方向、阅读框和属性。GFF 格式是 GTF 格式的扩展,可以存储更多的注释信息。

以下是一个示例 GTF 文件的片段,其中包含了一个基因和两个转录本的注释信息：

1 Ensembl gene 11869 14409 . + . gene_id "ENSG00000223972. 5"; gene_name "DDX11L1"; gene_source "ensembl_havana"; gene_biotype "transcribed_unprocessed_pseudogene";

1 Ensembl transcript 11869 14409 . + . gene_id "ENSG00000223972. 5"; transcript_id "ENST00000456328. 2"; gene_name "DDX11L1"; gene_source "ensembl_havana"; gene_biotype "transcribed_unprocessed_pseudogene"; transcript_name "DDX11L1 -202"; transcript_source "havana";

1 Ensembl exon 11869 12227 . + . gene_id "ENSG00000223972. 5"; transcript_id "ENST00000456328. 2"; exon_number "1"; gene_name "DDX11L1"; gene_source "ensembl_havana"; gene_biotype "transcribed_unprocessed_pseudogene"; transcript_name "DDX11L1 -202"; transcript_source "havana";

1 Ensembl exon 12613 12721 . + . gene_id "ENSG00000223972. 5"; transcript_id "ENST00000456328. 2"; exon_number "2"; gene_name "DDX11L1"; gene_source "ensembl_havana"; gene_biotype "transcribed_unprocessed_pseudogene"; transcript_name "DDX11L1 -202"; transcript_source "havana";

1 Ensembl exon 13221 14409 . + . gene_id "ENSG00000223972. 5"; transcript_id "ENST00000456328. 2"; exon_number "3"; gene_name "DDX11L1"; gene_source "ensembl_havana"; gene_biotype "transcribed_unprocessed_pseudogene"; transcript_name "DDX11L1 -202"; transcript_source "havana";

1 Ensembl transcript 12010 13670 . + . gene_id "ENSG00000223972.5"; transcript_id "ENST00000450305.2"; gene_name "DDX11L1"; gene_source "ensembl_havana"; gene_biotype "transcribed_unprocessed_pseudogene"; transcript_name "DDX11L1 -201"; transcript_source "havana";

1 Ensembl exon 12010 12057 . + . gene_id "ENSG00000223972. 5"; transcript_id "ENST00000450305. 2"; exon_number "1"; gene_name "DDX11L1"; gene_source "ensembl_havana"; gene_biotype "transcribed_unprocessed_pseudogene"; transcript_name "DDX11L1 -201"; transcript_source "havana";

1 Ensembl exon 12179 12227 . + . gene_id "ENSG00000223972. 5"; transcript_id "ENST00000450305. 2"; exon_number "2";

(2)BED 格式

BED(Browser Extensible Data)格式是一种文本格式,用于存储基因组上的区域信息,例如基因座位、SNP 位点、启动子、转录因子结合位点等。每个区域由三个字段组成,包括染色体名称、起始位置和结束位置,可以附加其他属性信息。

下面是一个 Ensembl 数据库中的 BED 格式的实例,存储了人类基因组中的一些转录本的位置信息。

chr111869 14409 ENST00000456328 0 +
chr111873 12227 ENST00000456328.2 0 +
chr112010 13670 ENST00000450305 0 +
chr112179 13670 ENST00000619216 0 +
chr112613 13220 ENST00000488147 0 +
chr112975 13052 ENST00000473358 0 -

BED 格式的数据包含若干行,每行描述了一个基因组区域的位置信息,具体包含的信息如下:

列 1:区域所在染色体的名称(chromosome)。

列 2:区域的起始位置(start)。

列 3:区域的终止位置(end)。

列 4:区域的名称或 ID(name)。

列 5:区域的得分或评级(score)。

列 6:区域的方向或链性(strand)。

列 7 以后:可以包含任意数量的额外注释信息。

在 Ensembl 数据库的 BED 格式数据中,列 1 至列 6 的信息是必须包含的,列 7 以后的信息则是根据具体情况进行添加。在上述例子中,每行描述了一个基因或转录本的位置信息。例如第一行描述了基因 ENST00000456328 所在的位置,它位于人类基因组的染色体 1 上,起始位置为 11869,终止位置为 14409,方向为正链(“+”),没有额外的得分或评级信息。第二行描述了该基因的一个转录本 ENST00000456328.2 的位置信息,起始位置为 11873,终止位置为 12227,位于同一条染色体上,方向为正链,没有额外的得分或评级信息。

通过 BED 格式数据,可以方便地存储和查看基因组中的各种注释信息,如基因、转录本、启动子、外显子等。在 Ensembl 数据库中,BED 格式的数据被广泛应用于基因组注释、特征注释等方面。

(3) BAM/SAM 格式

BAM(Binary Alignment Map)和 SAM(Sequence Alignment Map)格式是存储 DNA 和 RNA 序列比对结果的二进制格式和文本格式。它们用于存储序列比对到参考基因组上的位置和质量等信息，可以帮助研究者分析基因组序列变异、剪接和表达调控等信息。BAM 格式是存储高通量测序数据的标准格式之一，它是基于 SAM(Sequence Alignment Map)格式的二进制版本，可以更快地读取和处理大规模测序数据。

BAM 文件主要包含两部分信息：测序读段的比对信息和质量值。其中比对信息包括读段的起始位置、长度、方向和匹配的参考序列位置等。质量值是指测序读段每个碱基的质量评分，用于评估测序结果的准确性。BAM 格式还支持附加注释信息，如读段序列、序列标识符等。BAM 格式的优点在于它可以更高效地存储和处理测序数据，可以减少存储空间的占用和数据处理的时间。此外，由于 BAM 格式的比对信息已经处理好，因此可以更方便地进行后续的分析，如变异检测、拼接和基因表达分析等。下面是一个 BAM 格式的实例。

```
@HDVN:1.6SO:coordinate
@SQSN:chr1LN:248956422
@PGID:bwaPN:bwaVN:0.7.17 - r1188CL:bwa mem  - t 4 hg38.fa
sample.fq.gz
sample_001163chr11064260100M = 106420
GCCTCTGGCCACCCGAGGCTCCAGGGGCTGAGGATGGGTGGGAG
CTGGGTEGGGGGGGGGGGGGGGGGGGGGGGGGGGGGGGG
GGGGGGGGGGGGGGGGAS:i:0XS:i:0
sample_00299chr11064360100M = 106420
GCTCTGGCCACCCGAGGCTCCAGGGGCTGAGGATGGGTGGGAG
CTGGGTCGGGGGGGGGGGGGGGGGGGGGGGGGGGGGGGG
GGGGGGGGGGGGGGGGGNM:i:0MD:Z:100
```

这个实例中包含了一条测序数据，其基因组位置在 chr1 的 10642—10741 位置上，序列长度为 100 个碱基。在 BAM 格式中，@ 开头的行表示 header 信息，描述了测序数据的来源、参考基因组等信息。第一列是序列名称。第二列是标记位，163 表示该序列是反向互补的，并且它的配对序列已经被比对过了；

99 表示该序列是正向的,并且它的配对序列还没有被比对过。第三列是参考基因组序列的名称。第四列是起始位置。第五列是比对的质量值。第六列是序列的匹配情况,包括匹配的长度和匹配的序列。第七列是配对序列的名称,如果序列没有配对序列,则为“ * ”。第八列是配对序列的起始位置。第九列是距离,即配对序列的起始位置与当前序列的起始位置的距离。最后两列是序列的详细比对信息。

SAM 格式与 BAM 格式类似,区别在于 SAM 格式是文本文件,而 BAM 格式是二进制文件。因此,可以使用 SAM 格式文件查看和编辑测序数据。

Ensembl 数据库中存储的 BAM 格式数据主要来自测序中心和公共数据库,如 1000 Genomes Project、ENCODE 和 Roadmap Epigenomics 等。这些数据可以帮助研究者深入探究基因的表达、调控和变异等方面的生物学问题。

(4) VCF 格式

VCF(Variant Call Format)格式是一种文本格式,用于存储 SNP、INDEL 和结构变异等基因组序列变异信息。每个变异由多个字段组成,包括染色体名称、位置、参考序列、变异序列、质量、频率、注释信息等。下面是一个示例 VCF 文件,用于存储人类个体的单核苷酸变异信息。

```
##fileformat = VCFv4.2
##INFO = < ID = DP, Number = 1, Type = Integer, Description ="Total Depth" >
##INFO = < ID = AF, Number = A, Type = Float, Description ="Allele Frequency" >
##FORMAT = < ID = GT, Number = 1, Type = String, Description ="Genotype" >
##FORMAT = < ID = AD, Number = R, Type = Integer, Description ="Allelic depths for the ref and alt alleles in the order listed" >
#CHROMPOS    ID    REF    ALT    QUAL    FILTER    INFO
FORMAT    sample1 sample2 sample3
1    1000    .    A    T    100    PASS    DP = 10
GT:AD    1/1:0,10 0/1:7,3 1/1:0,10
1    2000    .    C    G    100    PASS    DP = 20
GT:AD    0/0:20,0 1/1:0,20 0/1:15,5
```

该文件以“#”开头的行为注释信息，以“CHROM”开头的行为变异信息。每个变异信息由以下字段组成：

CHROM：染色体编号。

POS：变异位点在染色体上的位置。

ID：变异位点的唯一标识符。

REF：参考基因型。

ALT：变异基因型。

QUAL：质量值，用于衡量变异的可靠程度。

FILTER：过滤标记，用于标记不合格的变异。

INFO：变异信息，以“;”分隔的键值对。

FORMAT：样本基因型信息，以“:”分隔的字段。

sample1, sample2, sample3：样本编号，对应于 FORMAT 字段中的样本基因型信息。

该示例文件中包含了两个变异位点，分别位于染色体 1 的 1000 和 2000 位置，对应的参考基因型为 A 和 C，变异基因型为 T 和 G。质量值均为 100，未被过滤。INFO 字段中包含了总深度（DP）和等位基因频率（AF）等信息。FORMAT 字段中包含了基因型（GT）和等位基因深度（AD）等信息。样本 1 和样本 3 的基因型均为同质合子变异，样本 2 的基因型为杂合子变异。

（5）BigWig/BigBed 格式

BigWig 和 BigBed 格式是一种二进制格式，用于存储基因组上的数值型数据，例如 RNA-seq、ChIP-seq 和 ATAC-seq 等高通量测序数据。它们允许用户高效地存储、查询和可视化大规模基因组数据。

BigWig 和 BigBed 格式基本上是二进制格式，可以存储大量的数值数据和注释信息，并且可以快速加载和查询。这些格式也支持基因组区域的可视化，例如，可以使用基因组浏览器在基因组浏览器中显示基因表达谱数据的热图。

以下是 Ensembl 数据库中使用的 BigWig 和 BigBed 格式的示例。

BigWig 格式：

track type = bigWig name = "Example BigWig Track" description = "This is an example BigWig track" visibility = full color = 200,100,0 chr1 0 10000 0.1

chr1 10000 20000 0.2

chr1 20000 30000 0.3

chr1 30000 40000 0.4

chr1 40000 50000 0.5

在这个示例中,第一行指定了 BigWig 格式的一些属性,包括名称、描述、可视化选项和颜色等。其余的行用于指定基因组上的区域,并且每个区域都有一个数值,表示该区域的信号强度。在这个示例中,我们展示了一些在基因组上的区域和它们的信号强度。

BigBed 格式:

track name = "Example BigBed Track" description = "This is an example BigBed track" visibility = full color = 255,0,0

chr1 1000 2000 Example Feature 1 0 + 1000 2000 255,0,0

chr1 5000 6000 Example Feature 2 0 – 5000 6000 255,0,0

chr2 10000 12000 Example Feature 3 0 + 10000 12000 255,0,0

chr2 15000 17000 Example Feature 4 0 – 15000 17000 255,0,0

在这个示例中,我们展示了一些在基因组上的特征,例如启动子、增强子或基因组重要区域等。每个特征都包括一个位置、名称、方向和其他一些注释信息。在这个示例中,我们使用了一些基本的属性,例如名称、描述、可视化选项和颜色等。

(6)FASTA 格式

FASTA 格式在 Ensembl 数据库中也被广泛使用。它被用于存储基因组序列、蛋白质序列等生物序列信息 FASTA 格式是一种文本格式,由一个标题行和一个序列行组成。标题行以“ > ”字符开头,后跟一个可选的描述信息和一个唯一的序列标识符。序列行包含序列数据,由 ASCII 字符组成。序列行可以包含空格和其他非序列字符,这些字符在解析时将被忽略。FASTA 格式不包含任何元数据或附加信息,但可以与其他文件格式(如 GFF、BED 和 VCF)配合使用。

除了存储序列数据外,FASTA 格式还可以用于存储序列注释信息。在 Ensembl 数据库中,某些基因组序列文件包含序列注释信息,如基因名称、基因位置、外显子信息、启动子信息等。这些注释信息可以与序列数据一起使用,以帮助研究者更好地理解基因组结构和功能。

Ensembl 数据库使用多种数据格式存储基因组数据，包括 GFF、BED、VCF、BAM、BigWig 和 FASTA 等。这些数据格式可以存储不同类型的数据，如基因组注释、变异信息、测序数据、序列数据等。每种格式都有其独特的优点和限制，研究者需要根据实际需求选择合适的格式。

GFF 和 BED 格式是用于存储基因组注释和特征的常见格式，它们具有易于解析和灵活的优点。VCF 格式是用于存储单核苷酸变异信息的标准格式，可用于比较不同个体或不同物种之间的基因组差异。BAM 格式是存储测序数据，BAM 格式是存储高通量测序数据的标准格式之一，它是基于 SAM(Sequence Alignment/Map)格式的二进制版本，可以更快地读取和处理大规模测序数据。

除了以上提到的格式，Ensembl 数据库还存储了许多其他的数据格式，如 WIG、BigWig、BigBed、PSL 等，这些格式都有各自的特点和应用领域，可以满足不同研究需求的数据存储和分析。

3.1.3 Ensembl 基因组数据库数据的访问形式

Ensembl 数据的访问方式包括网站访问、API 访问和数据库访问，用户可以通过这些方式获取不同类型的基因组、注释和序列数据。

(1)网站访问

Ensembl 提供了一个基于 Web 的用户界面，用户可以通过浏览器直接访问。在网站上，用户可以浏览、搜索和下载基因组数据。用户可以根据生物物种、基因、染色体和变异等信息搜索感兴趣的数据。例如，用户可以在网站上查找人类基因组的数据。

(2)API 访问

Ensembl 还提供了一组 RESTful API，用户可以使用编程语言如 Python、Perl、Ruby 等通过 API 访问 Ensembl 数据库中的数据。Ensembl API 支持多种 HTTP 方法，包括 GET、POST、PUT、DELETE 等，可以让用户查询、过滤和排序数据。用户可以通过 API 查询基因组、注释和序列数据。例如，用户可以使用以下 Python 代码查询人类基因组中的一些基本信息。

```
import requests
ext = "/info/assembly/homo_sapiens?"
headers = { "Content-Type" : "application/json"}
r = requests.get(server + ext, headers = headers)
if not r.ok:
    r.raise_for_status()
    sys.exit()
decoded = r.json()
print(repr(decoded))
```

在上面的代码中,我们使用了 Ensembl 的 RESTful API 来查询人类基因组的基本信息。

(3)数据库访问

用户也可以通过 MySQL 数据库直接访问 Ensembl 的数据。这种方式需要一定的数据库知识和技能。用户可以通过下载和安装 Ensembl 数据库来访问数据。Ensembl 数据库提供了多个表格,包括基因组、注释、变异和序列等信息,用户可以根据自己的需求查询和获取数据。

1)基因组数据

用户可以访问 Ensembl 数据库中不同生物物种的基因组数据。在 Ensembl 网站上,用户可以找到与人类基因组相关的多个页面,如基因列表、基因注释等。此外,用户还可以使用 API 或直接访问数据库来获取基因组数据。例如,用户可以使用以下 Python 代码查询人类基因组的长度和基因数。

```
import requests
ext = "/info/assembly/homo_sapiens?"
headers = { "Content-Type" : "application/json"}
r = requests.get(server + ext, headers = headers)
if not r.ok:
    r.raise_for_status()
```

```
    sys. exit( )
decoded  = r
print("Human genome length:", decoded['assembly_length'])
print("Human genome number of genes:", decoded['gene_count'])
```

2)注释数据

Ensembl 还提供了丰富的注释信息,包括基因结构、变异信息、蛋白质序列等。用户可以通过网站、API 或数据库访问这些信息。例如,用户可以在Ensembl网站上找到人类基因组的注释信息,包括基因名称、基因 ID、基因类型、外显子数目、编码序列长度等。此外,用户还可以使用 API 访问注释信息。例如,用户可以使用以下 Python 代码查询人类基因组中基因 EZH2 的注释信息。

```
import requests
ext  = "/lookup/symbol/homo_sapiens/EZH2?"
headers = { "Content-Type" : "application/json"}
r  = requests. get( server + ext, headers = headers)
if not r. ok:
    r. raise_for_status( )
    sys. exit( )
decoded  = r. json( )
print("Gene name:", decoded['display_name'])
print("Gene ID:", decoded['id'])
print("Gene biotype:", decoded['biotype'])
print("Number of exons:", len(decoded['Exon']))
```

运行上述代码将输出以下结果:

```
    Gene name: enhancer of zeste 2 polycomb repressive complex
2 subunit
    Gene ID: ENSG00000106462
    Gene biotype: protein_coding
    Number of exons: 18
```

Ensembl 提供了多种生物物种的基因组、注释和序列数据。用户可以通过网站、API 或数据库访问这些数据,从而开展各种基因组学和生物学研究。

3.1.4 Ensembl 基因组数据库数据 ID 编码的形式

在 Ensembl 中,每个数据对象都有一个唯一的 ID。这些 ID 是由一系列字母和数字组成的,通常以字母开头,后面跟着一些数字和符号。每个 ID 都是根据数据对象的类型和其他特定信息生成的。Ensembl 中最常见的 ID 是基因 ID。这些 ID 通常以字母"ENSG"开头,后面跟着一串数字。这个数字是根据基因的位置在基因组中的顺序生成的。例如,ENSG00000139618 是人类基因组中的一种基因。这个 ID 是由 Ensembl 系统自动生成的,它表示了该基因在人类基因组中的唯一位置。

另一个常见的 ID 是转录本 ID。在 Ensembl 中,每个基因都有多个转录本,每个转录本都有一个唯一的 ID。这些 ID 通常以字母"ENST"开头,后面跟着一串数字。这个数字也是根据转录本在基因组中的顺序生成的。例如,ENST00000556414 是人类基因组中的一种转录本。这个 ID 是由 Ensembl 系统自动生成的,它表示了该转录本在人类基因组中的唯一位置。

在 Ensembl 中,还有许多其他类型的 ID。例如,染色体 ID 通常以"chr"开头,后面跟着一个数字或字母,表示染色体的编号。位置 ID 通常以一个字母开头,后面跟着一串数字,表示基因组中的特定位置。变异 ID 通常以字母"rs"开头,后面跟着一串数字,表示一个已知的单核苷酸多态性(SNP)。

Ensembl ID 编码的形式非常重要,因为它可以确保数据在不同的研究中得到正确的比对和解释。例如,在研究基因表达时,科学家需要确保他们正在比较相同的基因。如果他们使用不同的 ID 来标识相同的基因,那么他们可能会得到错误的结果。因此,使用一致的 ID 编码方案可以确保研究人员在不同的实验室和研究中使用相同的数据对象。

Ensembl ID 编码的另一个重要方面是它的可读性和易用性。这是因为科学家需要能够轻松地识别和记住这些 ID,以便在处理和解释数据时能够有效地使用它们。因此,Ensembl ID 编码的形式通常具有一定的规律性和易于记忆。例如,Ensembl 基因 ID 通常以"ENSG"开头,后面跟着一串数字。这个数字通常代表该基因在基因组中的位置顺序。这种形式的 ID 不仅易于记忆,而且可以快速确定基因在基因组中的位置。

另一个例子是转录本ID，通常以“ENST”开头，后面跟着一串数字。这个数字也通常代表转录本在基因组中的位置顺序。这种形式的ID不仅易于记忆，而且可以快速确定转录本的位置。在Ensembl中，还有许多其他类型的ID，如蛋白质ID、变异ID等。这些ID的形式也通常具有一定的规律性和易于记忆。除了可读性和易用性，Ensembl ID编码的形式还可以提供一些其他的信息。例如，染色体ID通常以“chr”开头，后面跟着染色体的编号。这种形式的ID不仅可以快速确定染色体的编号，而且还可以提供关于染色体的其他信息，例如，它是否属于性染色体或自动染色体。

总之，Ensembl ID编码的形式非常重要，因为它可以确保数据在不同的研究中得到正确的比对和解释。同时，ID编码的形式也需要具有一定的可读性和易用性，以便科学家可以轻松使用。

3.2 UCSC

UCSC基因组数据库(University of California, Santa Cruz Genome Browser)是一个基因组注释和可视化工具，提供了大量基因组序列和注释数据，帮助研究人员更好地了解基因组结构和功能。这里将为您介绍UCSC基因组数据库的概述、历史、数据来源、数据类型、功能特点等内容。UCSC基因组数据库是一个在线的基因组注释和可视化工具，由美国加州大学圣克鲁兹分校(University of California, Santa Cruz)的基因组研究实验室(Genome Research Lab)创建和维护。该数据库致力于提供最新、最全面的基因组序列和注释信息，为基因组学研究人员、生物医学研究人员、生物信息学家等提供高质量的数据资源。

UCSC基因组数据库起源于2000年，当时该实验室使用BLAST软件进行基因组注释。2001年，该实验室开始使用自己开发的基因组浏览器进行注释和可视化，并在同年的基因组研究会议上发布了该浏览器。从那时起，UCSC基因组数据库不断完善和更新，发布了一系列的版本，包括hg18、hg19、hg38等。

UCSC基因组数据库的数据来自多个基因组测序项目，包括国际人类基因组计划(Human Genome Project)、1000基因组计划(1000 Genomes Project)、ENCODE计划(Encyclopedia of DNA Elements Project)等。此外，该数据库还收集了大量公开发布的数据集，如dbSNP(单核苷酸多态性数据库)、COSMIC(癌症基因突变数据库)等。UCSC基因组数据库提供了多种类型的数据，包括基因组序列、基因组注释、重复序列、变异数据、表达数据等。其中，基因组序列包括参考基因组序列、EST 序列、比对序列等;基因组注释包括基因、转录本、外显子、内含子、启动子、UTR 等信息;重复序列包括 LTR、SINE、LINE 等重复元件;变异数据包括 SNP、CNV、INDEL 等;表达数据包括 RNA-seq、ChIP-seq 等。

UCSC 基因组数据库具有多种功能特点,基因组注释提供了最全面的基因组注释信息,包括基因、转录本、外显子、内含子、启动子、UTR 等信息。

①基因组浏览:提供基因组浏览是 UCSC 基因组数据库的核心功能之一。该浏览器提供了一个交互式的界面,可以在不同的分辨率下查看基因组的注释和序列信息。用户可以通过平移和缩放浏览器来查看不同的区域和细节。此外,用户还可以选择不同的基因组版本来比较和分析基因组序列和注释的变化。

②搜索和查询:UCSC 基因组数据库提供了多种搜索和查询功能,使用户可以快速找到自己需要的基因组数据。用户可以通过基因名称、位置、功能注释等多种方式进行搜索和过滤。

③比较分析:UCSC 基因组数据库提供了多种比较和分析工具,可以帮助用户比较不同基因组版本之间的差异,或者比较不同个体之间的基因组变异情况。比如,用户可以使用基因组比较工具来比较不同物种之间的基因组结构和功能。

④数据下载:UCSC 基因组数据库提供了丰富的数据下载功能,用户可以下载基因组序列、注释数据、变异数据、表达数据等多种数据类型,以便于后续的分析和研究。

UCSC 基因组数据库是一个重要的基因组注释和可视化工具,提供了大量的基因组序列和注释数据,帮助研究人员更好地了解基因组结构和功能。该数据库具有多种功能特点,包括基因组注释、基因组浏览、搜索和查询、比较分析和数据下载等,为基因组学研究人员、生物医学研究人员、生物信息学家等提供高质量的数据资源和分析工具。

3.2.1 UCSC 基因组数据库存储数据的类型

UCSC 基因组数据库存储多种类型的数据,主要包括基因组序列数据、基因组注释数据、功能注释数据以及基因组浏览数据等。下面将分别介绍这些数据类型。

(1)基因组序列数据

基因组序列数据是UCSC基因组数据库中最基础的数据类型,它包括了多个不同生物体的基因组序列数据。这些基因组序列数据通常以FASTA格式进行存储,并通过基因组版本号来进行区分。UCSC基因组数据库中存储的基因组序列数据经过了基因组装和基因组比对等处理,以确保其高质量和准确性。

(2)基因组注释数据

基因组注释数据是UCSC基因组数据库的重要组成部分,它提供了对基因组序列中的基因、转录本、外显子、内含子、启动子、UTR等各种元件的注释信息。UCSC基因组数据库中存储的基因组注释数据包括了多种注释类型,例如基因结构、基因功能、RNA修饰等。同时,UCSC基因组数据库还提供了不同生物体之间的注释比较工具,以便用户对不同物种间的基因注释进行比较和分析。

(3)功能注释数据

UCSC基因组数据库中存储了大量的功能注释数据,包括基因组功能注释、功能元素注释、功能通路注释等。其中,基因组功能注释主要包括了基因结构、启动子、转录因子结合位点、翻译后修饰、基因家族等方面的注释信息;功能元素注释包括了DNA甲基化、组蛋白修饰、染色质构象等方面的注释信息;功能通路注释包括了代谢通路、信号传导通路等方面的注释信息。这些功能注释数据为用户深入了解基因组数据提供了重要的参考和支持。

(4)变异数据

UCSC基因组数据库中存储了大量的变异数据,这些数据来自多种物种。变异数据包括单核苷酸多态性(SNP)、结构变异、线粒体DNA变异、人类疾病相关变异等。这些变异数据是帮助我们理解基因组序列变异和生物多样性的重要资源。

(5)表达数据

UCSC基因组数据库中存储了大量的表达数据,这些数据来自多种物种和组织类型。表达数据可以帮助我们了解基因在不同组织和时间点的表达模式,以及基因调控的机制。在 UCSC 基因组数据库中,我们可以使用基因表达查询工具,搜索和分析特定基因在不同组织和时间点的表达模式。

(6)比较基因组学数据

比较基因组学是一种将不同物种或同一物种的不同基因组进行比较的生物信息学领域。UCSC 基因组数据库中存储了大量的比较基因组学数据。

3.2.2 UCSC 基因组数据库存储数据的格式

UCSC 基因组数据库提供了许多生物信息学资源,包括基因组序列、注释、比较基因组学和变异等。这些数据是以不同的格式存储在 UCSC 基因组数据库中,不同格式的数据具有不同的特点和用途。我们将深入了解 UCSC 基因组数据库中存储数据的格式,以及每种格式的特点和用途。

(1)FASTA 格式

FASTA 格式是一种广泛使用的文本文件格式,用于存储 DNA 或 RNA 序列。在 UCSC 基因组数据库中,基因组序列数据通常以 FASTA 格式存储。FASTA 格式的文件包含两个部分,第一部分是以“ > ”开头的注释行,描述了序列的来源和其他相关信息,第二部分是序列数据。FASTA 格式的优点是易于理解和处理,缺点是不适合存储大规模的基因组序列数据,因为它们需要大量的存储空间和计算资源。

(2)GFF 格式

GFF(General Feature Format)格式是一种广泛使用的文本文件格式,用于存储基因注释信息。在 UCSC 基因组数据库中,基因注释数据通常以 GFF 格式存储。GFF 格式的文件包含了多个特征的注释信息,例如基因、外显子、内含子、启动子等。每个特征都包含一些关键字和属性,用于描述该特征的位置、类型、名称和其他相关信息。GFF 格式的优点是易于理解和处理,缺点是需要额外的软件和计算资源来解析和处理大规模的注释数据。

(3)BED 格式

BED(Browser Extensible Data)格式是一种广泛使用的文本文件格式,用于存储基因组上的区域信息。在 UCSC 基因组数据库中,变异数据和表达数据通常以 BED 格式存储。BED 格式的文件包含了多个区域的位置和相关信息，例如基因座位、变异位点、转录因子结合位点等。每个区域都包含了三个列，分别是染色体名称、起始位置和终止位置。BED 格式的优点是简单易用，缺点是不适合存储复杂的注释信息和基因结构数据。

(4)BAM 格式

BAM(Binary Alignment Map)格式是一种二进制格式，用于存储序列比对信息。在 UCSC 基因组数据库中，序列比对数据通常以 BAM 格式存储。BAM 格式的文件包含了序列比对到参考基因组上的位置、质量、注释等信息。BAM 格式的优点是存储效率高，可以存储大规模的序列比对数据，缺点是需要额外的软件和计算资源来解析和处理 BAM 格式的数据。

(5)BigWig 和 BigBed 格式

BigWig 和 BigBed 格式是一种二进制格式，用于存储基因组上的信号和区域信息。在 UCSC 基因组数据库中，表达数据和变异数据通常以 BigWig 和 BigBed 格式存储。BigWig 格式的文件包含了基因组上的信号强度值和位置信息，可以用于可视化和分析基因表达数据。BigBed 格式的文件包含了基因组上的区域信息和其他相关信息，例如基因座位、变异位点等，可以用于查询和筛选基因组区域。BigWig 和 BigBed 格式的优点是存储效率高，可以快速查询和处理大规模的基因组数据，缺点是需要额外的软件和计算资源来解析和处理这些格式的数据。

(6)MySQL 数据库

除了文本文件格式之外，UCSC 基因组数据库还使用 MySQL 数据库来存储大规模的数据，例如基因注释、变异信息和表达数据。MySQL 数据库是一种关系型数据库，可以支持多种复杂的查询和数据分析操作。UCSC 基因组数据库使用 MySQL 数据库来存储和管理大规模的基因组数据，例如基因注释、变异信息和表达数据。MySQL 数据库的优点是存储效率高，支持多种复杂的查询和数据分析操作，缺点是需要额外的计算资源和数据库管理经验来维护和管理数据库。

UCSC 基因组数据库存储的数据类型和格式非常多样化，每种格式都具有不同的特点和用途。其中，FASTA、GFF、BED、BAM、BigWig 和 BigBed 等文本和二进制格式被广泛应用于存储和管理基因组数据，MySQL 数据库被广泛应用于存储和管理大规模的基因组数据。在选择存储和处理基因组数据时，需要根据具体应用场景和需求来选择最合适的格式和工具。

3.2.3 UCSC 基因组数据库数据的访问形式

UCSC 基因组数据库中的数据可以通过多种方式进行访问,包括网站浏览、数据下载、API 接口等。这里将介绍 UCSC 基因组数据库的访问形式和访问实例,并提供相应的代码示例。

3.2.3.1 网站浏览

UCSC 基因组数据库提供了一个网站界面,用户可以通过该界面直观地浏览和查询基因组数据。UCSC 基因组数据库的网站界面分为多个部分,包括:

(1) Genome Browser

Genome Browser 是 UCSC 基因组数据库的核心功能,它可以显示基因组序列、基因注释、DNA 序列变异等信息。用户可以通过输入基因名、基因 ID、染色体号等信息,浏览基因组上的不同区域和注释信息。此外,用户还可以添加自定义注释和图层,例如 ChIP-seq 数据、RNA-seq 数据等,以进一步分析和比较基因组数据。

(2) Table Browser

Table Browser 是 UCSC 基因组数据库的查询工具,它可以帮助用户查询和导出基因组数据。用户可以选择基因组版本、数据库表格、查询条件等参数,以查询和导出所需的基因组数据。例如,用户可以使用 Table Browser 导出某一基因的注释信息、基因序列、基因变异等数据,以便进行进一步的分析和研究。

(3) UCSC Genome Browser FAQ

UCSC Genome Browser FAQ 是 UCSC 基因组数据库的常见问题解答页面,用户可以在该页面找到关于基因组浏览器的常见问题和解决方案。例如,用户可以在该页面找到如何添加自定义注释、如何比较基因组数据等方面的信息和指导。

3.2.3.2 数据下载

UCSC 基因组数据库提供了多种数据下载方式,用户可以下载各种基因组数据和注释信息,以便进行进一步的分析和研究。UCSC 基因组数据库的数据下载方式包括:

(1)FTP 下载

用户可以通过 FTP 下载 UCSC 基因组数据库的所有数据文件和注释信息。在 FTP 下载页面中,用户可以选择基因组版本、数据类型、文件格式等参数,以下载所需的基因组数据。例如,用户可以下载某一基因的注释信息、基因序列、变异信息等数据,以便进行进一步的分析和研究。

(2)Download Tables

UCSC 基因组数据库的 Download Tables 页面提供了多种数据表格的下载方式。用户可以选择基因组版本、数据表格、数据格式等参数,以下载所需的基因组数据。例如,用户可以下载某一基因的注释信息、基因序列、变异信息等数据,以便进行进一步的分析和研究。

(3)UCSC Table Browser

UCSC 基因组数据库的 Table Browser 页面不仅提供了查询功能,也可以进行数据下载。用户可以通过查询基因、染色体或基因组区域,选择所需的数据表格,然后选择所需的输出格式进行下载。例如,用户可以通过 Table Browser 下载某一基因的注释信息、基因序列、变异信息等数据,以便进行进一步的分析和研究。

3.2.3.3 API 接口

UCSC 基因组数据库还提供了 API 接口,用户可以通过编程语言访问基因组数据,并进行进一步的分析和研究。UCSC 基因组数据库的 API 接口包括:

(1)UCSC Genome Browser API

UCSC Genome Browser API 是 UCSC 基因组数据库的核心 API 接口,它提供了多种基因组数据查询和操作的函数。用户可以使用 UCSC Genome Browser API 接口进行基因组区域的查询、注释信息的获取、图像的生成等操作。UCSC Genome Browser API 支持多种编程语言,如 Python、Perl 和 Java 等。

(2)UCSC Table Browser API

UCSC Table Browser API 是 UCSC 基因组数据库的数据查询 API 接口,它提

供了多种数据表格的查询和下载函数。用户可以使用 UCSC Table Browser API 接口进行基因组数据的查询、导出和转换等操作。UCSC Table Browser API 支持多种编程语言，如 Python、Perl 和 Java 等。

以下是一些使用 UCSC 基因组数据库进行基因组分析和研究的实例。

(1)查询某一基因的注释信息

假设我们想查询人类基因 BRAF 的注释信息，可以通过 UCSC Genome Browser 进行查询。打开 UCSC Genome Browser 网站，输入 BRAF，选择人类基因组版本 hg38，点击搜索按钮，即可找到 BRAF 基因的注释信息和基因组上的位置。

(2)下载某一基因的序列信息

假设我们想下载人类基因 BRAF 的序列信息，可以通过 UCSC Table Browser 进行下载。打开 UCSC Table Browser 网站，选择人类基因组版本 hg38，选择 RefSeq Genes 作为数据表格，在过滤器中输入"BRAF"，选择"Sequence"列，并在输出格式中选择"FASTA sequence"，点击"get output"按钮即可下载 BRAF 基因的序列信息。

(3)比较不同物种的基因组

UCSC 基因组数据库提供了多种比较基因组学工具，用户可以使用这些工具比较不同物种的基因组，以了解它们之间的差异和相似之处。例如，用户可以使用 UCSC Genome Browser 的"比较基因组"功能比较人类和小鼠的基因组，以了解它们之间的基因结构和演化关系。

(4)分析某一基因的表达量

UCSC 基因组数据库还提供了基因表达量分析工具，用户可以使用这些工具分析某一基因在不同组织和条件下的表达量。例如，用户可以使用 UCSC Xena 浏览器分析人类基因 BRAF 在不同癌症类型中的表达量，以了解 BRAF 在不同癌症类型中的表达模式和可能的生物学功能。

(5)比较基因组变异信息

UCSC 基因组数据库还提供了多种比较基因组变异信息的工具，用户可以使用这些工具比较不同物种或不同个体之间的基因组变异信息。例如,用户可以使用 UCSC Genome Browser 的"变异注释和可视化"工具比较人类和大猩猩之间的基因组变异,以了解它们之间的基因差异和演化关系。

以上是一些使用 UCSC 基因组数据库进行基因组分析和研究的实例,这些实例展示了 UCSC 基因组数据库提供的多种数据访问方式和分析工具的应用。UCSC 基因组数据库不仅为科研人员提供了丰富的基因组数据资源,为生物信息学领域的发展提供重要的支持和贡献。

3.2.4 UCSC 基因组数据库数据 ID 编码的形式

UCSC 基因组数据库数据 ID 编码形式是通过一系列的命名规则和标识符来标识和描述基因组数据的。这些标识符主要分为三个层次,分别是基因组层次、集合层次和记录层次,每个层次都有其独特的标识符。

(1)基因组层次

UCSC 基因组数据库的基因组层次是最基本的层次,用于标识整个基因组序列。该层次的标识符由两部分组成,一部分是基因组名称,例如人类基因组为"hg"(human genome),小鼠基因组为"mm"(mouse genome)等;另一部分是版本号,例如人类基因组的版本号为"hg19"(human genome version 19),小鼠基因组的版本号为"mm10"(mouse genome version 10)等。基因组层次的标识符形式如下:

<组名称><版本号>

例如,人类基因组层次的标识符为"hg19"。

(2)集合层次

UCSC 基因组数据库的集合层次用于标识某一组数据,例如基因、转录本、变异等。该层次的标识符由三部分组成,分别是数据类型、集合名称和版本号。其中,数据类型是指该集合所包含的数据类型,例如基因集合为"refGene"、变异集合为"snp"等;集合名称是指该集合的名称,例如基因集合的名称为"NCBI RefSeq Genes";版本号是指该集合的版本号。集合层次的标识符形式如下:

<数据类型>_<集合名称><版本号>

例如,人类基因组的 RefSeq 基因集合层次的标识符为"refGene_NCBI RefSeq Genes_hg19"。

(3)记录层次

UCSC 基因组数据库的记录层次用于标识某一个具体的数据记录,例如某一个基因或某一个转录本。该层次的标识符由四部分组成,分别是数据类型、集合名称、记录名称和版本号。其中,数据类型和集合名称的含义同集合层次;记录名称是指该具体记录的名称,例如基因的记录名称为基因的名称,转录本的记录名称为转录本的名称等;版本号同样是指该记录的版本号。记录层次的标识符形式如下:

<数据类型><集合名称><记录名称><版本号>

例如,人类基因组的 RefSeq 基因集合中的 BRAF 基因的记录层次的标识符为"refGene_NCBI RefSeq Genes_BRAF_hg19"。

UCSC 基因组数据库数据 ID 编码的形式是非常规范和统一的,这种形式使得用户能够方便地标识和查询各种基因组数据,并且方便数据管理和更新。同时,这种编码形式也为基因组研究提供了方便,例如在同一基因组不同版本之间进行比较和转换时,可以很容易地通过数据 ID 编码找到相应的数据。

UCSC 基因组数据库数据 ID 编码的形式在访问数据时也非常重要,用户可以通过该编码形式快速地访问到所需要的数据。例如,在 UCSC 基因组浏览器中,用户可以使用数据 ID 编码来访问特定的基因组数据。以人类基因组的 RefSeq 基因集合为例,用户可以通过以下步骤访问该集合中的特定基因:

①进入 UCSC 基因组浏览器网站。

②在页面左侧的"组别"下拉框中选择人类基因组(hg19)。

③在页面左侧的"参考基因组"下拉框中选择 RefSeq 基因集合(refGene)。

④在页面上方的搜索框中输入所需基因的记录名称(例如 BRAF)。

⑤点击搜索按钮,在搜索结果中选择所需的基因记录。

在以上步骤中,UCSC 基因组浏览器会使用数据 ID 编码来查找所需的基因组数据,并将数据显示在浏览器页面上。

3.3 NCBI Genome

NCBI 的 Genome 数据库是一个非常重要的生物信息学资源,它包含了数以千计的生物物种的基因组数据。这些数据涵盖了许多领域,包括基因结构、功能、演化以及相关的生物信息学工具和资源。这里将简要介绍 NCBI 的 Genome

数据库。

NCBI 是美国国立生物技术信息中心，是美国国立卫生研究院（NIH）下属的一部分。NCBI 的 Genome 数据库是该机构所提供的一个重要的生物信息学资源，包含了大量生物物种的基因组数据。这些数据主要来自各种生物组织、生物体、细胞系和基因库等资源。NCBI 的 Genome 数据库包括了完整的基因组序列、注释信息、基因组特征、比对信息以及生物学信息学工具等多种资源。这些资源都可供用户在线查询和下载。

NCBI 的 Genome 数据库包含了许多生物物种的基因组数据，从细菌、病毒、真菌到植物、动物等多种生物物种。这些数据可以为生物学研究和医学应用提供重要的基础数据。NCBI 的 Genome 数据库提供了完整的基因组序列和注释信息，可以让用户了解到每个基因的位置、长度、功能以及相关的转录调控元件等重要信息。这些信息可以帮助用户进一步研究基因结构和功能以及它们在生物体内的作用。

NCBI 的 Genome 数据库还提供了许多生物学信息学工具和资源，如基因组浏览器、序列比对工具、基因组注释工具、基因表达数据等。这些工具和资源可以帮助用户更好地研究基因的功能和表达，还可以帮助用户进行基因组比较和演化分析等研究。NCBI 的 Genome 数据库可以在线查询和下载，用户可以使用相关的关键词或 ID 号来查找所需的基因组数据和相关信息。用户可以选择自己需要的数据格式和下载方式，包括 FASTA 格式、GenBank 格式、XML 格式等。

用户可以通过 NCBI 的网站访问 Genome 数据库。在该网站的主页上，用户可以选择“Genome”选项来进入 Genome 数据库。在 Genome 数据库的主页面，用户可以使用关键词搜索框或者进入“Browse by Organism”页面来选择所需的生物物种。在选择了特定的生物物种之后，用户可以查看该生物物种的基因组数据、注释信息、基因组特征等。

此外，Genome 数据库还提供了一些工具和资源，如基因组浏览器、序列比对工具、基因组注释工具、基因表达数据等，这些工具和资源可以帮助用户更好地研究基因的功能和表达，还可以帮助用户进行基因组比较和演化分析等研究。在使用 Genome 数据库时，用户还可以选择所需的数据格式和下载方式，包括 FASTA 格式、GenBank 格式、XML 格式等。同时，Genome 数据库也提供了一些其他的数据下载和 API 接口，方便用户进行自动化数据获取和分析。

NCBI 的 Genome 数据库在许多生物学研究和医学应用中都具有重要的应用价值。以下是一些应用场景的举例：

①基因结构和功能研究：通过 Genome 数据库的基因组数据和注释信息，可以了解到基因的结构和功能，帮助研究者更好地理解基因的调控和表达。

②基因组比较和演化研究：Genome 数据库提供了多个生物物种的基因组数据，可以进行基因组比较和演化研究，进一步了解基因组的进化和适应性演化等现象。

③疾病基因研究：通过 Genome 数据库的基因组数据和注释信息，可以了解到与疾病相关的基因和调控元件等信息，帮助研究者更好地研究疾病的发生机制和治疗方法。

④生物技术研究：Genome 数据库提供了多种生物学信息学工具和资源，可以帮助生物技术研究者更好地进行序列分析、基因表达分析、基因工程等方面的研究。

NCBI 的 Genome 数据库是一个非常重要的生物信息学资源，包含了多种生物物种的基因组数据和注释信息等多种资源。这些资源可以为生物学研究和医学应用提供重要的基础数据和分析工具。在使用 Genome 数据库时，用户可以使用相关的关键词或 ID 号来查找所需的基因组数据和相关信息，并可以选择自己需要的数据格式和下载方式。

3.3.1 NCBI Genome 基因

不同类型的数据都是以不同的格式和方式进行存储和管理的。这里将介绍 NCBI Genome 数据库中存储的数据类型及其特点。

(1)基因组序列数据

基因组序列数据是 NCBI Genome 数据库中最基本的数据类型之一。基因组序列数据是指某个生物物种的完整基因组序列，可以用 FASTA 格式进行存储和下载。基因组序列数据是 Genome 数据库中最重要的数据类型之一，因为它是进行生物学研究的基础数据，可以用于研究基因的结构和功能、基因组的演化和比较等。

Genome 数据库中的基因组序列数据还可以分为不同的级别，包括完整基因组、染色体级别、超级染色体级别、连续基因组序列等。这些不同级别的基因组序列数据可以根据不同的研究目的和需求进行选择和使用。

(2)注释信息

除了基因组序列数据外，NCBI 的 Genome 数据库还存储了大量的注释信息，包括基因注释、基因组特征注释、重复序列注释、RNA 注释等。这些注释信息可以帮助研究者更好地理解基因的结构和功能、基因组的特征和演化等等。

基因注释信息包括基因的命名、定位、功能和调控等信息。基因组特征注释包括染色体的长度、GC 含量、重复序列的分布等信息。RNA 注释包括 RNA 的种类、结构和功能等信息。

这些注释信息可以帮助研究者更好地了解基因的功能和表达，帮助研究者进行基因组比较和演化分析，还可以帮助研究者进行疾病基因研究等方面的工作。

(3)基因组比较数据

NCBI 的 Genome 数据库还存储了多个生物物种的基因组比较数据。基因组比较数据是指不同生物物种的基因组序列之间的比较结果，可以帮助研究者了解不同物种之间的基因组差异和相似性，从而进一步了解基因组的进化和适应性演化等现象。

基因组比较数据可以用多种方式进行表示和存储，包括比较图、比较表等。比较图可以用来直观地表示基因组之间的相似性和差异性，包括同源序列、逆向序列、插入序列等。比较表则可以提供更加详细的比较结果，包括相同和不同的基因、基因组特征等信息。

基因组比较数据的存储和管理对于研究基因组演化和适应性演化等方面的问题非常重要。研究者可以利用这些数据进行进化分析、遗传变异分析、物种分类分析等多方面的研究。

3.3.2 NCBI Genome 基因组数据库存储数据的格式

下面介绍 NCBI Genome 基因组数据库中常见的数据格式。

(1)FASTA 格式

FASTA(Fast All)格式是一种常见的基因组序列格式，它以纯文本方式存储 DNA、RNA、蛋白质序列等生物序列信息。每条序列由一个标题行和一个序列行组成，其中标题行以“ > ”符号开头，表示序列的名称和其他注释信息，序列行则包含序列的碱基或氨基酸序列。NCBI 的 Genome 数据库中存储的基因组序列数据通常以 FASTA 格式进行存储。

(2)GFF 格式

GFF(General Feature Format)格式是一种常见的基因组注释格式,它可以用来存储基因的位置、外显子和内含子的位置、启动子和终止子的位置、蛋白质编码序列的位置等注释信息。GFF 格式文件以文本方式存储,其中每个注释信息以一行文本表示,包含多个字段,每个字段之间用制表符或空格分隔。NCBI 的 Genome 数据库中存储的基因组注释信息通常以 GFF 格式进行存储。

(3)BED 格式

BED(Browser Extensible Data)格式是一种类似 GFF 格式的注释格式,它也可以用来存储基因的位置、外显子和内含子的位置、启动子和终止子的位置等注释信息。BED 格式文件以文本方式存储,其中每个注释信息以一行文本表示,包含多个字段,每个字段之间用制表符或空格分隔。NCBI 的 Genome 数据库中存储的基因组注释信息也有一部分以 BED 格式进行存储。

(4)SAM/BAM 格式

SAM(Sequence Alignment/Map)和 BAM(Binary Alignment/Map)格式是用于存储序列比对结果的格式。SAM 格式是一种文本格式,BAM 格式是 SAM 格式的二进制版本。它们包含了比对序列的位置信息、序列的质量信息、比对的标记信息等。SAM/BAM 格式广泛用于测序数据的比对和分析。NCBI 的 Genome 数据库中存储的一些测序数据和比对结果也以 SAM/BAM 格式进行存储。

(5)VCF 格式

VCF(Variant Call Format)格式是一种用于存储基因组变异信息的格式。它可以用来存储 SNP、InDel、CNV 等变异信息,以及变异的位置、类型、碱基或拷贝数等信息。VCF 格式文件以文本方式存储,其中每个变异信息以一行文本表示,包含多个字段,每个字段之间用制表符或空格分隔。NCBI 的 Genome 数据库中存储的基因组变异信息通常以 VCF 格式进行存储。

(6)WIG 格式

WIG(Wiggle)格式是一种用于存储基因组测序数据的格式,包括测序深度、信号值等信息。它以文本方式存储,每个数据点由一个位置信息和一个数值信息组成。NCBI 的 Genome 数据库中存储的一些基因组测序数据也以 WIG 格式进行存储。

(7) XML 格式

XML(eXtensible Markup Language)格式是一种通用的标记语言,可以用于存储各种类型的数据。在 NCBI 的 Genome 数据库中,XML 格式主要用于存储一些元数据信息,例如基因组名称、版本号、注释信息等。XML 格式具有结构化、可扩展和可读性好等优点,可以方便地进行数据处理和解析。

以上是 NCBI Genome 基因组数据库中常见的数据格式。在实际应用中,不同的数据格式可以相互转换和组合,以满足不同的需求和分析目的。例如,将 FASTA 格式的基因组序列数据和 GFF 格式的基因注释信息进行组合,可以得到一个完整的基因组注释文件;将 SAM/BAM 格式的测序数据和 VCF 格式的变异信息进行组合,可以得到一个变异分析结果文件。因此,熟悉和掌握不同的数据格式,对于基因组数据的处理和分析具有重要意义。

3.3.3 NCBI Genome 基因组数据库数据的访问形式

NCBI Genome 提供了多种数据访问方式,包括网页浏览器、FTP 下载、API 接口等。这里将介绍 NCBI Genome 数据库的数据访问方式及实例。

(1) 网页浏览器访问

NCBI Genome 数据库的网页浏览器界面提供了一个直观、易用的访问方式,可以通过搜索或浏览的方式查找和获取基因组数据。在网页浏览器中,用户可以选择不同的基因组,查看其相关信息、注释和下载链接等。此外,网页浏览器还提供了一些基因组数据可视化工具,如基因组浏览器和序列比对工具等。

以人类基因组为例,用户可以在 NCBI Genome 数据库的网页浏览器中选择人类基因组,查看其相关信息和下载链接。用户可以通过网址访问 NCBI。

在该网页中,用户可以选择"Organism"选项,选择想要查找的基因组。例如,选择"Human"选项,即可进入人类基因组页面,在人类基因组页面中,用户可以查看基因组的基本信息、组装版本、注释信息等。用户还可以下载基因组数据,包括 FASTA 格式的基因组序列数据、GFF 格式的基因注释信息和 VCF 格式的变异信息等。

(2)FTP 下载访问

除了网页浏览器访问方式外,用户还可以通过 FTP 下载方式访问 NCBI Genome 数据库的数据。FTP 下载方式是一种常见的数据获取方式,可以通过 FTP 客户端软件或命令行方式进行下载。

在 FTP 下载中,用户可以下载整个基因组或其部分数据,例如基因组序列数据、注释信息、变异信息等。NCBI Genome 数据库提供了不同的 FTP 下载链接,用户可以根据需要选择相应的链接进行下载。

以人类基因组为例,用户可以通过 FTP 下载链接下载人类基因组数据。在该 FTP 链接中,用户可以找到不同类型的基因组数据文件,包括 FASTA 格式的基因组序列数据、GFF 格式的基因注释信息和 VCF 格式的变异信息等。用户可以通过 FTP 客户端软件或命令行方式进行下载。

(3)API 接口访问

NCBI Genome 数据库还提供了 API 接口,允许用户通过编程方式进行数据访问和操作。API 接口可以方便地集成到数据分析和处理流程中,实现 NCBI Genome 数据库的 API 接口使用 RESTful API 架构,支持多种编程语言,如 Python、R、Java 等。用户可以通过 API 接口查询基因组数据、下载基因组数据、获取注释信息、获取变异信息等。

以人类基因组为例,用户可以通过 API 接口访问人类基因组数据。在该 API 接口中,用户可以获取人类基因组的基本信息、组装版本、注释信息和下载链接等。用户还可以通过其他 API 接口获取基因组序列数据、注释信息和变异信息等。需要注意的是,使用 API 接口需要对编程语言和 API 接口的使用有一定的了解,建议用户具备一定的编程基础。同时,使用 API 接口也需要遵守 NCBI 数据库的相关使用规定,不得滥用和非法使用。

综上所述,NCBI Genome 数据库提供了多种数据访问方式,包括网页浏览器、FTP 下载和 API 接口等。用户可以根据自己的需要选择相应的访问方式,并获取基因组数据、注释信息和变异信息等。NCBI Genome 数据库的数据访问方式如下:

①网页浏览器访问。

②FTP 下载访问。

③API 接口访问。

需要注意的是，NCBI Genome 数据库提供的数据仅用于科研目的，任何商业用途都是不允许的。同时，使用 NCBI 数据库的数据也需要遵守其相关的使用规定和条款，以保障数据的安全和合法性。

3.3.4 NCBI Genome 基因组数据库数据 ID 编码的形式

NCBI Genome 数据库基因组数据通过唯一的 ID 编码进行标识和管理。在 NCBI Genome 数据库中，每一个基因组数据都有一个独特的 ID 编码，这个 ID 编码是由多个部分组成的，包括组装版本、数据类型和数据标识等。下面将详细介绍 NCBI Genome 数据库中基因组数据 ID 编码的形式及实例。

（1）组装版本

组装版本是基因组数据 ID 编码的第一个部分，它通常以 GCF_或 GCA_开头，后面跟着一系列数字和字母的组合。其中，GCF_表示完整的基因组组装版本，GCA_表示不完整的基因组组装版本。例如，人类基因组的组装版本为 GCF_000001405.39_GRCh38.p13。

（2）数据类型

数据类型是基因组数据 ID 编码的第二个部分，它通常以三个字母缩写的形式表示。在 NCBI Genome 数据库中，常见的数据类型有 GCF（表示完整的基因组组装版本）、GCA（表示不完整的基因组组装版本）、GCG（表示质粒序列）、GCR（表示基因组参考序列）等。例如，人类基因组的数据类型为 GCF。

（3）数据标识

数据标识是基因组数据 ID 编码的第三个部分，它可以是数字、字母或者数字和字母的组合。数据标识通常包含基因组数据的版本信息、组装信息等。例如，人类基因组的数据标识为 000001405.39_GRCh38.p13，其中，“000001405”表示基因组数据的版本号，“39”表示基因组组装的版本号，“GRCh38.p13”表示基因组组装的名称。

除了上述三个部分外，NCBI Genome 数据库中的基因组数据 ID 编码还包括其他信息，如数据来源、序列长度、序列格式等。这些信息可以帮助用户更好地了解基因组数据的特征和来源。下面以人类基因组为例，介绍 NCBI Genome 数据库中基因组数据 ID 编码的实例。

人类基因组的组装版本为 GCF_000001405.39_GRCh38.p13。其中,GCF_表示完整的基因组组装版本,000001405 表示基因组数据的版本号,39 表示基因组组装的版本号,GRCh38.p13 表示基因组组装的名称。人类基因组的数据类型为 GCF,表示完整的基因组组装版本。人类基因组的数据标识为 000001405.39_GRCh38.p13,其中,“000001405”表示基因组数据的版本号,“39”表示基因组组装的版本号,“GRCh38.p13”表示基因组组装的名称。

第四章　基因信息数据库

基因信息数据库是指专门用于存储基因序列、功能、表达、调控等信息的数据库。这些数据库可以为研究者提供基因组学和转录组学研究的重要资源，以支持对基因的深入了解和研究。我们将介绍四个存储基因信息的数据库：GeneCards、NCBI Gene、UniGene 和 Ensembl Gene。

GeneCards 是一个包含人类基因信息的全面数据库，它提供了有关基因名称、别名、编码蛋白质的信息、相关疾病、通路、表达模式等信息。GeneCards 可以搜索任何人类基因，还可以查看基因与疾病之间的关系，以及基因在各种组织和疾病状态下的表达模式。此外，GeneCards 还提供了有关人类基因的论文、专利和其他相关资源的链接。

NCBI Gene 是一个由美国国家生物技术信息中心（NCBI）维护的数据库，它提供了人类和动植物的基因序列、基因表达、基因调节、功能注释等信息。NCBI Gene 可以通过基因名称、别名、ID、染色体位置等多种方式搜索基因信息。NCBI Gene 的目标是提供准确、及时、可靠的基因信息，以支持分子生物学研究。

UniGene 是一个维护和整合多个物种的基因序列的数据库，包括人类、小鼠、果蝇等。每个 UniGene 集群代表了一个基因的所有已知转录本。这些集群包含了不同来源的 EST 和 cDNA 序列，可以用于研究基因表达和转录本的多样性。此外，UniGene 还提供了有关基因的注释信息、基因的组织特异性和调控信息。

Ensembl Gene 是一个由欧洲生物信息研究所（EBI）和英国赫瑞瓦特医学研究所（WTSI）合作维护的基因组注释数据库，它提供了多个物种的基因组序列、基因结构、表达和调控信息。Ensembl Gene 可以通过基因名称、ID、染色体位置等多种方式搜索基因信息。此外，Ensembl Gene 还提供了有关基因和蛋白质的注释信息、调控元素和通路信息。

存储基因信息的数据库对于基因组学和转录组学研究都是非常重要的资

源。GeneCards、NCBI Gene、UniGene 和 Ensembl Gene 是四个著名的数据库,提供了基因重要信息。

4.1 GeneCards

GeneCards 是一款综合性的基因数据库,GeneCards 的开发始于 1993 年,当时以色列魏茨曼科学研究所的研究人员开始构建人类基因组的计算机化工具。该工具主要是为了帮助研究人员快速有效地筛选和注释基因。在接下来的几年里,GeneCards 的团队继续完善数据库的构建和维护,使其成为一款综合性的基因信息库。该数据库于 1996 年首次发布,是人类基因组计划的一部分。GeneCards 的主要目的是为研究人员提供一个全面的基因信息库,以帮助研究人员更好地理解基因的功能和在生理和病理条件下的作用。

随着人类基因组计划的完成,GeneCards 不断地更新和扩展其数据库,以包含新发现的基因和基因变异。目前,GeneCards 数据库已经包含了超过 7 万个人类基因,其中每个基因页面都提供了丰富的信息,如基因的别名、位置、功能、表达、突变、变异和相关疾病等。GeneCards 的数据库结构是以基因为中心的,每个基因页面都包含了该基因的所有信息。GeneCards 的数据来源于多个公共数据库和文献,包括 NCBI、OMIM、PubMed 和 Ensembl 等。GeneCards 的数据质量得到了研究人员的广泛认可,成为基因研究领域中不可或缺的资源。

除了提供丰富的基因信息外,GeneCards 还提供了多种搜索和查询功能,以方便用户查找和检索有关基因的信息。用户可以通过基因名称、别名、关键词、染色体位置、表达谱和疾病等方面进行搜索和查询。GeneCards 还提供了高级搜索功能,允许用户按多个条件组合搜索和筛选基因。此外,GeneCards 还提供了 API 接口,允许开发人员使用编程语言访问和集成 GeneCards 数据。

GeneCards 的疾病和基因关联信息是该数据库的重要特色之一。GeneCards 数据库包含了基因和疾病之间的关联信息,以帮助研究人员更好地理解基因与疾病之间的关系。基因和疾病之间的关联信息包括基因与疾病之间的遗传关系、病因、临床表现。在 GeneCards 的建立历史中,2003 年是一个重要的年份,因为这一年,GeneCards 发布了第一版完整的基因注释数据库。自那以后,GeneCards 的开发和改进一直在进行中,不断增加新的功能和特性,使其成为研究人员和临床医生所信赖的基因注释工具之一。

除了基因信息的收集和注释,GeneCards 还提供了许多其他有用的工具和

资源,例如:

①搜索引擎:通过搜索引擎,用户可以搜索 GeneCards 数据库中的所有基因及其注释信息。搜索功能支持基于基因名称、别名、关键词、疾病、通路、药物等多种方式进行搜索。

②可视化工具:GeneCards 提供了基于基因注释信息的交互式可视化工具,如基因功能通路图、基因与疾病之间的关联图等。

③基因表达数据:GeneCards 整合了来自多个公共基因表达数据库的数据,包括 GeneAtlas 和 UniGene 等。

④相关文献:GeneCards 还提供了与每个基因相关的文献链接,这些文献可以帮助研究人员深入了解基因的功能和疾病相关性。

GeneCards 数据库的使用对于基因功能研究、疾病诊断和治疗等方面都具有重要意义。近年来,随着基因组学和转化医学的发展,GeneCards 的应用也越来越广泛,成为基因注释和分析的重要工具之一。

总体来说,GeneCards 基因数据库的建立和发展历程可以说是基因注释和研究的一项里程碑式成就,它为基因组学和转化医学领域的研究提供了重要的支持和帮助。随着新的技术和方法的出现,GeneCards 将继续不断地发展和更新,为人们提供更准确、更全面、更方便的基因注释信息。

4.1.1 GeneCards 基因数据库存储数据的类型

GeneCards 基因数据库存储了各种类型的基因数据,包括基因信息、蛋白质信息、疾病信息、药物信息等。下面将对 GeneCards 基因组数据库存储的数据类型进行详细介绍。

(1)基因信息

GeneCards 基因数据库存储了超过 7 万个人类基因的信息,每个基因都有一个独特的基因 ID。基因信息包括基因名称、别名、描述、位置、组织表达情况、功能、途径、亚细胞定位、疾病相关信息等。GeneCards 数据库还提供了基因家族信息,帮助用户更好地了解基因家族的进化和功能。

(2)蛋白质信息

GeneCards 基因数据库存储了与每个基因相关联的蛋白质信息。这些信息包括蛋白质名称、别名、描述、序列、结构、功能、亚细胞定位、互作蛋白质、疾病相关信息等。GeneCards 数据库还提供了蛋白质家族信息，帮助用户更好地了解蛋白质家族的进化和功能。

(3)疾病信息

GeneCards 基因数据库存储了超过 1.5 万种疾病与基因之间的关联信息。这些信息包括疾病名称、别名、描述、发病率、遗传模式、症状、治疗方法、相关基因等。GeneCards 数据库还提供了疾病家族信息，帮助用户更好地了解疾病家族的遗传模式和临床表现。

(4)药物信息

GeneCards 基因数据库存储了超过 1 万种药物与基因之间的关联信息。这些信息包括药物名称、别名、描述、适应证、剂量、不良反应、药物相互作用、作用机制、相关基因等。GeneCards 数据库还提供了药物家族信息，帮助用户更好地了解药物家族的化学结构和作用机制。

(5)基因组学信息

GeneCards 基因数据库存储了基因组学信息，包括 SNP(单核苷酸多态性)、CNV(拷贝数变异)、表观遗传学、基因编辑等信息。这些信息有助于用户更好地了解基因组学变异与基因功能之间的关系。

(6)资源链接

GeneCards 基因数据库还提供了与各种资源的链接，包括基因组数据库、蛋白质数据库、疾病数据库、药物数据库、文献数据库等。这些链接为用户提供了更全面的基因信息。

总之，GeneCards 基因数据库为研究人员提供了一个非常全面的基因信息资源，其链接到其他数据库和工具可以帮助用户更深入地研究基因及其相关性质。

4.1.2 GeneCards 基因数据库存储数据的格式

在 GeneCards 中，基因信息被组织在不同的部分中，包括基因简介、表达、功能、相关疾病、变异、通路、序列、文献、关联药物和工具等。在这些部分中，存储的数据格式不尽相同，下面将分别介绍。

(1)基因简介部分

基因简介部分提供了有关基因的概述信息，如基因名称、别名、位置、编码蛋白质、功能、表达模式等。以下是一段示例数据：

Gene Symbol：ABCA4

Aliases：ABC10，ARMD2，RP19

Location：1p22.1

Protein：ATP-binding cassette transporter A4

Function：Transports all-trans-retinal （vitamin A aldehyde） from the photoreceptor outer segment to the retinal pigment epithelium.

Expression：Highest expression in the retina and retinal pigment epithelium.

上述示例数据中，基因简介部分的数据格式主要采用“属性名：属性值”的形式进行存储。

(2)疾病部分

疾病部分提供了与该基因相关的疾病信息，包括疾病名称、遗传模式、症状、治疗、预后等。以下是一段示例数据：

Disease Name：Stargardt disease

Inheritance：Autosomal recessive

Symptoms：Vision loss，macular degeneration，color vision defects

Treatments：No cure，but nutritional supplements and gene therapy are being studied.

Prognosis：Vision loss typically progresses over time.

上述示例数据中，疾病部分的数据格式同样采用“属性名:属性值”的形式进行存储。

(3)变异部分

变异部分提供了与该基因相关的已知突变信息，包括突变类型、位置、影响、频率等。以下是一段示例数据：

```
Variant Type：Missense
Position：c.2588G >A
Impact：Likely pathogenic
Frequency：Rare（<0.01%）
```

上述示例数据中，变异部分的数据格式同样采用“属性名：属性值”的形式进行存储。

(4)药物部分

药物部分提供了与该基因相关的药物信息，包括药物名称、作用机制、适应证、不良反应等。以下是一段示例数据：

```
Drug Name：Atorvastatin
Mechanism of Action：HMG-CoA reductase inhibitor
Indications：Hyperlipidemia，prevention of cardiovascular events
Adverse Reactions：Myopathy，rhabdomyolysis，liver dysfunction，memory impairment，increased risk of diabetes.
```

上述示例数据中，药物部分的数据格式同样采用“属性名：属性值”的形式进行存储。

(5)序列部分

序列部分提供了与该基因相关的序列信息，包括基因组位置、DNA序列、蛋白质序列等。以下是一段示例数据：

```
Chromosome Location：1p22.1
DNA Sequence：ATGGGCTCTGCGCGCTGAGG
```

(6)变异部分

变异部分提供了与该基因相关的突变信息，包括单核苷酸变异(SNV)、小片段插入或删除(indel)以及基因重排(structural variation)等。以下是一段示例数据：

rs1471655225
Name：c.472G >T
Location：exon 4
Type：SNV
Allele frequency：0.0000000
Genotype：–
Clinical significance：Uncertain significance

上述示例数据中，变异部分的数据格式主要分为以下几个属性：

①变异的 ID，用于在数据库中标识该变异。

②变异的描述，包括位置和类型等。

③等位基因频率，表示在人群中该变异的频率。

④基因型，表示该变异对于个体的基因型。

⑤临床意义，表示该变异对于个体的健康状况的影响。

(7)参考文献部分

在 GeneCards 基因数据库中，参考文献部分提供了与该基因相关的研究文献，包括科学论文、综述、书籍章节等。以下是一段示例数据：

PubMed ID：28384378
Title：Genomewide Association Studies and Meta-Analyses for Musculoskeletal Traits
Authors：Estrada K, et al.
Journal：Nat Rev Rheumatol. 2017 May;13(5):318 –332

上述示例数据中，参考文献部分的数据格式主要分为以下几个属性：

①PubMed ID，用于在 PubMed 数据库中标识该文献。

②标题，表示该文献的标题。

③作者，表示该文献的作者列表。

④期刊名称和发表年份，表示该文献的发表信息。

综上所述，GeneCards 基因数据库采用多种数据格式存储与基因相关的信息，包括基本信息、表达信息、功能信息、药物信息、序列信息、变异信息和参考文献信息。这些数据格式使得用户可以方便地查找和比较基因信息，并深入了解基因的生物学功能和临床意义。

4.1.3 GeneCards 基因数据库数据的访问形式

GeneCards 提供了多种访问方式，包括网站、API、文件下载等。以下将介绍 GeneCards 的不同访问方式及其使用实例。

(1)网站访问

GeneCards 网站是最常用的访问方式之一。用户可以通过输入基因名或别名等信息，搜索和浏览基因信息和相关数据。GeneCards 网站提供了丰富的功能和工具，包括基因信息的详细描述、基因表达谱、基因通路、临床相关信息等。以下是 GeneCards 网站的使用实例：

①打开 GeneCards 网站。

②在搜索栏中输入基因名称，例如 EGFR。

③点击搜索按钮，网站会跳转到 EGFR 基因的详细信息页面。

④在该页面中，用户可以查看 EGFR 基因的基本信息、表达信息、功能信息、药物信息、序列信息、变异信息和参考文献信息等。

(2)API 访问

除了网站访问外，GeneCards 还提供了 API 接口，用户可以通过编程的方式，获取基因信息和相关数据。GeneCards API 提供了多种语言的接口，包括 Python、Perl、Ruby、Java 等。以下是 GeneCards API 的使用实例：

①打开 GeneCards API 文档页面。

②在文档页面中选择所需语言的接口，例如 Python。

③在 Python 接口示例代码中，输入基因名称，例如 EGFR。

④运行代码，API 会返回 EGFR 基因的详细信息，包括基本信息、表达信息、功能信息、药物信息、序列信息、变异信息和参考文献信息等。

(3)文件下载

除了网站和 API 访问外，GeneCards 还提供了基因信息和相关数据的文件下载。用户可以通过文件下载方式，获取基因信息和相关数据，并进行离线使用。以下是 GeneCards 文件下载的使用实例：

①打开 GeneCards 文件下载页面。

②在文件下载页面中，选择所需数据文件，例如基因信息文件。

③下载文件，并使用相应软件打开，用户可以查看和使用基因信息和相关数据。

综上所述，GeneCards 基因数据库提供了多种访问方式，包括网站、API、文件下载等，使得用户可以方便地获取基因信息和相关数据，并进行深入研究和分析。

4.1.4 GeneCards 基因数据库数据 ID 编码的形式

在 GeneCards 中，每个基因都有一个独特的 ID 编码，称为 GeneCards ID，以及一组相关的 ID 编码，包括 NCBI Gene ID、UniProt ID、Ensembl ID 等。以下将介绍 GeneCards 基因数据库中 ID 编码的形式及其使用实例。

(1)GeneCards ID 编码

GeneCards ID 编码是 GeneCards 基因数据库中最基本和独特的标识符。每个基因都有一个独特的 GeneCards ID 编码，由字母和数字组成，长度为 10 个字符。GeneCards ID 编码的形式如下所示：

例：ACE2 的 GeneCards ID 编码为 GC06M000348。

其中，GC 表示 GeneCards 的缩写，06 表示 ACE2 所在的染色体编号，M 表示该基因的类型为膜蛋白基因，000348 是该基因的序号。

通过 GeneCards ID 编码，用户可以快速地查找和获取相应基因的详细信息和相关数据。

(2)NCBI Gene ID 编码

NCBI Gene ID 编码是由美国国家生物技术信息中心（NCBI）分配的基因标识符，用于标识 NCBI Gene 数据库中的基因。在 GeneCards 中，每个基因都有一个对应的 NCBI Gene ID 编码。NCBI Gene ID 编码的形式如下所示：

例：ACE2 的 NCBI Gene ID 编码为 59272。

通过 NCBI Gene ID 编码，用户可以在 NCBI Gene 数据库中查找和获取相应基因的详细信息和相关数据。

(3)UniProt ID 编码

UniProt ID 编码是由蛋白质数据库 UniProt 分配的蛋白质标识符，用于标识 UniProt 数据库中的蛋白质。在 GeneCards 中，每个基因都有一个对应的 UniProt

ID 编码。UniProt ID 编码的形式如下所示：

例：ACE2 的 UniProt ID 编码为 Q9BYF1。

通过 UniProt ID 编码，用户可以在 UniProt 数据库中查找和获取相应蛋白质的详细信息和相关数据。

(4) Ensembl ID 编码

Ensembl ID 编码是由基因组注释数据库 Ensembl 分配的基因标识符，用于标识 Ensembl 数据库中的基因。在 GeneCards 中，每个基因都有一个对应的 Ensembl ID 编码。Ensembl ID 编码的形式如下所示：

例：ACE2 的 Ensembl ID 编码为 ENSG00000130234。

通过 Ensembl ID 编码，用户可以在 Ensembl 数据库中查找和获取相应基因的详细信息和相关数据。

综上所述，GeneCards 基因数据库中的数据 ID 编码形式多种多样，包括 GeneCards ID、NCBI Gene ID、UniProt ID 和 Ensembl ID 等，每种编码形式都具有其独特的作用和优势。这些 ID 编码可以帮助用户快速、准确地找到所需的基因信息和相关数据，而且可以方便地进行跨数据库的查询和比对。例如，在进行基因注释、表达分析、蛋白质互作网络分析等研究中，需要将不同数据库中的基因信息和相关数据进行整合和比对，使用 ID 编码可以有效地实现这一目的。

此外，GeneCards 基因数据库还提供了各种基因注释和分析工具，可以帮助用户深入分析和理解基因的功能、调控机制和疾病相关性。通过基因注释工具，用户可以获得基因的基本信息、表达情况、功能注释、通路关联等详细信息。例如，使用 GeneCards 的基因注释工具，可以查询 ACE2 基因在不同组织和细胞类型中的表达情况，了解其功能、通路和相互作用等信息。除了基因注释工具，GeneCards 还提供了一系列与基因相关的工具和数据库，如基因组序列数据库、蛋白质数据库、药物相互作用数据库等，用户可以通过这些工具和数据库深入了解基因的结构、功能和调控机制。

总之，GeneCards 基因数据库提供了丰富、全面的基因信息和相关数据，并采用了多种 ID 编码形式，方便用户进行数据查询和比对。此外，GeneCards 还提供了各种注释和分析工具，帮助用户深入研究基因的功能、调控机制和疾病相关性。可以说，GeneCards 是一个非常实用和有价值的基因数据库，为基因研究提供了强有力的支持和帮助。

4.2 UniGene

UniGene 是一个基因集成数据库，旨在通过整合各种来源的 EST（Expressed Sequence Tag）数据，将同一基因的多个 EST 序列聚合为单一条目，为基因研究提供更准确、更全面的信息。这里将介绍 UniGene 的历史发展、数据库结构、数据来源和数据应用等方面的内容。

UniGene 最早由美国国立卫生研究院（NIH）National Center for Biotechnology Information（NCBI）开发，于 1999 年正式发布。当时，NCBI 通过分析 EST 序列发现，同一个基因的多个 EST 序列存在重复和冗余，因此需要将它们聚合成一个唯一的条目，以便更准确、更全面地研究基因信息。为了实现这个目标，NCBI 开发了 UniGene 数据库，将同一基因的多个 EST 序列聚合为一个单一的条目，并提供了与其他 NCBI 数据库（如 GenBank、Entrez Gene 等）的链接。随着技术的进步和数据量的增加，UniGene 也不断发展和更新，至今已经成为一个重要的基因集成数据库。目前，UniGene 数据库已经合并到 NCBI 的 Entrez Gene 数据库中，但仍然保留了其独特的数据结构和分析工具。

UniGene 数据库的数据结构与其他基因数据库有所不同，它将同一基因的多个 EST 序列聚合成一个单一的条目，称为“基因簇”（Gene Cluster）。每个基因簇由一个代表性序列（Representative Sequence）和一组相关序列（Related Sequences）组成，代表性序列是基因簇中长度最长、质量最好的 EST 序列，而相关序列则是与代表性序列高度相似的 EST 序列。

每个基因簇都有一个唯一的标识符（UniGene ID），以及与其他 NCBI 数据库（如 GenBank、Entrez Gene 等）的链接。此外，每个基因簇还包含有关基因的信息，如基因名称、基因描述、基因组定位、外显子和内含子等信息。这些信息可以帮助研究者更深入地了解基因的结构、功能和调控机制。

UniGene 数据库的主要数据来源是 EST 序列，它是一种简化的转录本序列，通常由 cDNA（complementary DNA）或 mRNA（messenger RNA）反转录得到。由于 EST 序列来自不同的组织和条件，因此可以反映出基因在不同条件下的表达情况。通过整合不同来源的 EST 序列，UniGene 可以聚合同一基因的多个序列，从而提高基因信息的可靠性和准确性。此外，UniGene 还收集了其他数据库中的基因信息，如 GenBank、RefSeq 等，以提供更全面、更准确的基因注释信息。

UniGene 数据库的数据在基因研究中应用广泛，其中包括以下几个方面：

①基因注释:UniGene 数据库为研究人员提供了基因序列的注释信息,包括基因名称、描述、基因组定位、外显子和内含子等信息,帮助研究者更全面、准确地了解基因的结构和功能。

②基因表达分析:EST 序列反映了基因在不同组织和条件下的表达情况,因此 UniGene 数据库可以用于基因表达分析。通过比较不同组织和条件下基因的表达情况,可以研究基因的调控机制,发现新的功能和信号通路等。

③基因家族研究:由于 UniGene 将同一基因的多个 EST 序列聚合为一个基因簇,因此可以用于研究基因家族。通过比较不同基因簇之间的序列相似性和结构特征,可以识别出新的基因家族,研究其进化关系和功能差异。

④药物研发:UniGene 数据库可以用于药物研发,帮助研究人员发现新的靶点和药物。通过分析基因表达情况和功能注释信息,可以发现新的靶点和信号通路,设计更准确、更有效的药物靶向策略。

UniGene 是一个基因集成数据库,将同一基因的多个 EST 序列聚合成一个单一的条目,为基因研究提供了更准确、更全面的信息。UniGene 数据库的数据结构与其他基因数据库有所不同,以基因簇为单位进行组织,提供了基因注释、基因表达分析、基因家族研究和药物研发等应用。虽然 UniGene 已经合并到 NCBI 的 Entrez Gene 数据库中,但其独特的数据结构和分析工具仍然为基因研究提供了重要的帮助。

4.2.1 UniGene 基因数据库存储数据的内容

UniGene 数据库是一个重要的基因序列和表达谱数据库,其存储了大量的基因序列和表达谱数据,提供了研究人员进行基因功能研究和表达分析的重要资源。UniGene 数据库中的数据主要包括基因序列、基因注释信息、基因表达信息、基因调控信息、基因变异信息、SNP 信息和基因蛋白质互作信息等。下面将对这些数据类型进行详细介绍。

(1)基因序列

UniGene 数据库存储了大量的基因序列数据,包括已知的基因序列和新的 EST 序列等。这些序列来源于不同的生物体和组织,反映了基因在不同条件下的序列变化和多态性。研究人员可以通过访问 UniGene 数据库,获取到已知基因的序列和新的 EST 序列等信息,用于基因序列比对和功能研究等方面的研究。

(2)基因注释信息

UniGene 数据库存储了大量的基因注释信息，包括基因名称、描述、基因组定位、外显子和内含子信息等。这些注释信息是研究人员进行基因功能研究和表达分析的重要依据，能够帮助研究人员更深入地了解基因的生物学功能和调控机制。

(3)基因表达信息

UniGene 数据库存储了大量的基因表达信息，包括 EST、SAGE 和 microarray 等不同平台的表达谱数据。这些数据来源于不同组织、不同发育阶段、不同疾病状态下的样本，反映了基因在不同条件下的表达水平和组织特异性。这些数据为研究人员探索基因在不同生物学过程中的作用提供了重要依据。

(4)基因调控信息

UniGene 数据库存储了大量的基因调控信息，包括 miRNA、TF 和 epigenetic 等多种调控因子的作用信息。这些调控信息反映了基因在不同生物学过程中的调控机制，为研究人员深入了解基因调控提供了重要依据。

(5)基因变异信息

UniGene 数据库还存储了基因变异信息，包括 SNP、突变、插入和缺失等。这些信息可以帮助研究人员了解基因在不同个体中的差异，进而研究这些差异与疾病的关系。

例如，在 UniGene 数据库中查询人类基因 APOE，可以找到 APOE 基因的 SNP 信息。APOE 基因的一种 SNP(rs429358)与阿尔茨海默病的风险密切相关。

(6)基因蛋白质信息

UniGene 数据库存储了大量的基因蛋白质信息，包括蛋白质序列、结构、功能和亚细胞定位等。这些信息是研究人员了解基因蛋白质的结构和功能的重要依据，也是药物设计和疾病治疗的重要依据。

例如，在 UniGene 数据库中查询人类基因 TP53，可以找到 TP53 基因所编码的蛋白质信息。TP53 蛋白是一个转录因子，可以调控多个基因的表达，参与细胞周期调控和 DNA 损伤修复等重要生物学过程。

(7)基因相互作用信息

UniGene 数据库存储了大量的基因相互作用信息,包括基因调控、信号转导、代谢途径等。这些信息是研究人员了解基因相互作用和细胞信号网络的重要依据,也是疾病治疗和药物设计的重要依据。

例如,在 UniGene 数据库中查询人类基因 EGFR,可以找到 EGFR 基因与其他基因的相互作用信息。EGFR 是一种重要的受体酪氨酸激酶,在多个细胞信号通路中起着重要的调节作用,与多个疾病的发生和发展密切相关。

(8)基因家族信息

基因家族是指具有相似序列和功能的基因集合,通常由基因重复、分化和演化等过程形成。UniGene 数据库存储了大量的基因家族信息,包括同源基因家族、转录因子家族、受体家族等。

基因家族信息可以帮助研究人员更好地了解基因的功能和演化过程。例如,同源基因家族中的基因通常具有相似的生物学功能,因此可以通过研究这些基因来揭示其共同的功能和调控机制。此外,基因家族信息还可以用于基因注释和基因功能预测等研究。

(9)基因关联信息

除了以上 6 种类型的数据外,UniGene 数据库还存储了大量的基因关联信息,包括基因的相互作用、代谢通路、疾病关联等。这些关联信息可以帮助研究人员更好地了解基因之间的相互作用和调控机制,从而更深入地了解生物学系统的复杂性。

UniGene 数据库是一个重要的基因数据库,包含了大量的基因注释、表达、序列、家族和关联信息。这些信息可以帮助研究人员更好地了解基因的功能和调控机制,从而推动生命科学的发展。UniGene 数据库的开发和维护涉及多个方面的技术和方法,如序列比对、聚类分析、基因注释等。随着生物学技术的不断发展和数据量的不断增加,UniGene 数据库将继续发挥重要作用,为生命科学研究提供支持和帮助。

4.2.2 UniGene 基因数据库存储数据的格式

UniGene 基因数据库存储数据的文件格式是一组标准格式，通常以文本文件形式存储。这些文件可以通过 FTP 等方式下载到本地计算机上进行使用和分析。下面将介绍 UniGene 数据库存储数据的主要文件格式。

(1) UniGene 数据文件格式

UniGene 数据库中最重要的数据文件是 UniGene 数据文件，它包含了所有已经聚合的 EST 序列和代表性序列的信息。该文件以文本文件格式存储，每一行代表一个聚合物，每个聚合物包含以下信息：

A. 聚合物 ID。

B. 基因符号。

C. 基因描述。

D. 基因的 NCBI 参考序列(RefSeq)的 ID。

E. 基因的 LocusLink ID。

F. 基因在基因组上的定位。

G. 聚合物中的 EST 序列数量。

H. 代表性序列的 GenBank ID 和序列。

该文件可以通过 FTP 下载，文件名为"UniGene. build_number. data. gz"，其中 build_number 代表 UniGene 的版本号。

(2) UniGene 序列文件格式

UniGene 序列文件包含了所有已经聚合的 EST 序列和代表性序列的序列信息。该文件以 Fasta 格式存储，每个聚合物对应一个 Fasta 记录。每个记录包含以下信息：

A. 记录的标题，包含聚合物 ID 和基因符号。

B. EST 序列或代表性序列的序列。

该文件可以通过 FTP 下载，文件名为"UniGene. build_number. seq. gz"。

(3) UniGene 构建报告文件格式

UniGene 构建报告文件提供了有关 UniGene 构建过程的详细信息，包括每个聚合物的构建情况、质量控制过程、序列比对和聚合等过程。该文件以 HTML

格式存储,可以在 Web 浏览器中查看。该文件可以通过 FTP 下载,文件名为“UniGene. build_number. report. gz”。

(4) UniGene EST Profile 文件格式

UniGene EST Profile 文件包含每个 EST 序列在所有组织中的表达水平信息。该文件以文本格式存储,每个记录代表一个 EST 序列。每个记录包含以下信息:

A. EST 序列的 GenBank ID。

B. EST 序列的组织表达谱。

该文件可以通过 FTP 下载,文件名为“UniGene. build_number. est_profile. gz”。

(5) UniGene Clust 文件格式

UniGene Clust 文件包含了每个聚合物的 EST 序列和代表性序列的聚合信息。该文件以文本格式存储,每个记录代表一个 EST 序列或代表性序列。每个记录包含以下信息:

A. EST 序列或代表性序列的 ID。

B. EST 序列或代表性序列在聚合物中的位置。

该文件可以通过 FTP 下载,文件名为“UniGene. build_number. clust. gz”。

(6) UniGene 序列比对文件格式

UniGene 序列比对文件包含了所有已聚合的 EST 序列,以及这些序列与参考基因组的比对结果。该文件以文本格式存储,每个记录代表一个比对序列。每个记录包含以下信息:

A. 序列 ID。

B. 比对的参考基因组序列 ID。

C. 比对位置的起始和终止坐标。

D. 比对方向。

E. 比对得分。

F. 比对序列的长度和碱基序列。

该文件可以通过 FTP 下载,文件名为“UniGene. build_number. seq. all. gz”。

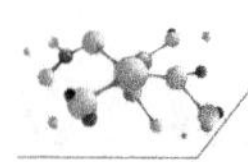

(7)UniGene 序列信息文件格式

UniGene 序列信息文件包含了每个 EST 序列的详细信息,包括序列 ID、序列长度、序列的基因和物种信息等。该文件以文本格式存储,每个记录代表一个 EST 序列。每个记录包含以下信息:

A. 序列 ID。

B. 序列长度。

C. 物种信息。

D. 基因信息。

E. 序列的基因组位置。

F. EST 序列的测序文库信息。

该文件可以通过 FTP 下载,文件名为"UniGene. build_number. data. gz"。

(8)UniGene 序列注释文件格式

UniGene 序列注释文件包含了每个 EST 序列的注释信息,包括序列的功能注释、基因本体注释、通路注释等。该文件以文本格式存储,每个记录代表一个 EST 序列。每个记录包含以下信息:

A. 序列 ID。

B. 功能注释。

C. 基因本体注释。

D. 通路注释。

E. 序列的匹配信息和参考序列。

该文件可以通过 FTP 下载,文件名为"UniGene. build_number. annot. gz"。

UniGene 基因数据库是一个重要的基因资源库,它存储了大量的 EST 序列和基因注释信息,为研究人员进行基因功能研究和表达分析提供了重要的数据支持。UniGene 基因数据库的数据类型丰富多样,包括 EST 序列、基因注释信息、基因表达信息等,数据格式也非常灵活,包括文本格式、XML 格式、FASTA 格式等。此外,UniGene 基因数据库还提供了丰富的数据访问方式,如 FTP 下载、基因查询、BLAST 比对等,方便研究人员快速、准确地获取所需数据。

4.2.3 UniGene 基因数据库数据的访问形式

UniGene 基因数据库可以通过多种方式访问其中的数据,包括网页浏览器、命令行工具和编程接口等。

(1)网页浏览器访问

UniGene 基因数据库提供了一个易于使用的网页浏览器,可以通过在浏览器中输入 UniGene 的网址,进入 UniGene 主页。

从主页可以进入不同版本的 UniGene 数据库,并进行基因搜索和浏览。用户可以输入基因的名称或序列等信息进行搜索,也可以选择不同物种的数据库进行浏览。例如,用户可以在 UniGene 主页的搜索框中输入"EGFR"来搜索 EGFR 基因的信息。搜索结果将显示与 EGFR 相关的 UniGene 聚合物和 EST 序列的信息。

(2)NCBI Entrez 工具访问

NCBI Entrez 是一套基于 Web 的生物信息学搜索和检索系统,包括多个数据库,如 PubMed、GenBank 和 UniGene 等。用户可以通过 NCBI Entrez 工具访问 UniGene 基因数据库。

用户可以在 NCBI Entrez 主页的搜索框中输入"UniGene"来搜索 UniGene 数据库,并进入 UniGene 的搜索页面。用户可以输入基因的名称、序列或其他相关信息进行搜索,并可以通过多种筛选器来过滤搜索结果。

(3)编程接口访问

UniGene 基因数据库还提供了编程接口,允许开发人员通过编程语言(如 Python 和 Java)来自动获取 UniGene 数据。编程接口包括 NCBI E-Utilities 和 NCBI Entrez Programming Utilities 等。

例如,使用 Python 编程语言和 NCBI E-Utilities 接口,可以编写以下代码来搜索 UniGene 数据库中与 EGFR 相关的聚合物和 EST 序列信息:

```
from Bio import Entrez
Entrez. email = "Your. Name. Here@example. org" # 设置邮箱地址
handle = Entrez. esearch( db ="unigene", term ="EGFR") # 搜索 EGFR
基因信息
record = Entrez. read( handle)
```

```
handle.close()
idlist = record["IdList"]
for i in idlist:
handle = Entrez.efetch(db="unigene", id=i, retmode="xml") # 获取每个聚合物的信息
record = Entrez.read(handle)
handle.close()
print(record)
```

此代码将搜索 UniGene 数据库中与 EGFR 相关的聚合物和 EST 序列信息，并将每个聚合物的信息打印出来。

UniGene 基因数据库是一个非常有用的资源，可以帮助研究人员更深入地了解基因的生物学功能和调控机制。无论是通过网页浏览器、NCBI Entrez 工具还是编程接口，用户都可以方便地访问和获取 UniGene 数据。

第五章　基因功能注释数据库

基因功能注释是生物信息学研究的重要内容之一。它是对基因的功能进行分析、解释和预测的过程，通过分析基因的组成、结构和表达等信息，可以对其功能和生物学作用进行预测和解释。在过去的几十年中，随着生物学研究的发展和基因组学技术的成熟，越来越多的基因序列被测定出来，并被广泛应用于各种领域，包括医学、农业和环境保护等。同时，随着基因组学数据量的急剧增加，如何高效地进行基因功能注释已成为生物信息学研究的重要问题。

在基因功能注释的过程中，一个关键的步骤是将基因序列与已知的基因功能数据库进行比较。这些数据库包括基因功能注释的基本工具，例如 Gene Ontology（GO）、Kyoto Encyclopedia of Genes and Genomes（KEGG）、Reactome 等。这些数据库是基因功能注释和分析的重要资源，它们提供了一种分类系统和词汇，以描述基因和基因产物的功能。这里将对这些数据库进行简单介绍。

(1) Gene Ontology (GO)

Gene Ontology（GO）是一种共享的生物学术语体系，用于描述基因和基因产物的生物学功能。GO 主要包括三个方面的信息：分子功能、生物过程和细胞组分。分子功能指的是基因产物所具有的分子活性，生物过程指的是基因产物参与的生物学过程，而细胞组分则指的是基因产物在细胞中所处的位置。GO 采用了一个层次结构的体系，将具体的术语分配到不同的级别上，以实现基因功能的标准化描述和分类。

GO 数据库已经成为基因功能注释的标准之一，被广泛应用于各种基因组学研究中。GO 数据库的主要来源是文献、基因组注释工具和人工注释。目前，GO 数据库已经包含了数百万个生物学实体和数以百万计的注释信息，覆盖了多个物种，包括人类、小鼠、大鼠、果蝇和酵母等。

(2) Kyoto Encyclopedia of Genes and Genomes (KEGG)

Kyoto Encyclopedia of Genes and Genomes (KEGG)是一种综合性数据库,用于描述基因和基因产物在代谢和细胞过程中的作用。KEGG 主要分为三个部分:KEGG Pathway、KEGG Brite 和 KEGGKEGG Pathway,包括了多个生物过程的代谢通路图,如糖代谢、脂质代谢、氨基酸代谢等。这些通路图包含了大量的基因和基因产物,描述了它们在生物过程中的作用和相互关系。KEGG Brite 则是一种分类体系,用于描述基因和基因产物的功能和属性。它将基因和基因产物按照不同的分类维度进行划分,如生物学过程、分子功能和化学反应等。最后,KEGG Genes 是一个基因数据库,包含了数以百万计的基因序列和注释信息,为基因功能研究提供了重要的资源。

(3) Reactome

Reactome 是一个综合性的代谢通路数据库,涵盖了多个生物过程,如代谢、信号传导、基因调控等。Reactome 的特点在于它提供了详细的、机器可读的生物过程模型,这些模型描述了基因和基因产物在生物过程中的作用和相互关系。Reactome 数据库主要包括三个部分:生物过程、分子功能和细胞组分。这些部分通过层次结构的方式组织起来,使得基因和基因产物的功能能够被标准化地描述和分类。

(4) DAVID

DAVID(Database for Annotation, Visualization and Integrated Discovery)是一个生物信息学工具,用于进行基因功能注释和分析。它主要包括两个部分:注释和富集分析。注释部分用于将用户输入的基因序列与不同的数据库进行比对,并提供详细的基因注释信息。富集分析则用于对输入的基因集合进行生物学过程的富集分析,以发现这些基因所参与的生物学过程和功能。DAVID 支持多个生物物种和数据库,包括 GO、KEGG、Reactome 等,为基因功能注释和分析提供了重要的工具和资源。

基因功能注释是生物信息学研究中的重要内容,可以帮助我们理解基因的生物学作用和相互关系。在基因功能注释的过程中,使用基因功能数据库是必不可少的。这里介绍了几个常用的基因功能数据库,包括 GO、KEGG、Reactome 和 DAVID 等。这些数据库提供了标准化的术语和分类体系,可以帮助我们更好地描述和理解基因的功能和生物学作用。同时,这些数据库还为基因功能注释和分析提供了重要的工具和资源,可以帮助我们更加深入地研究基因组学和生物学。未来,随着生物信息学技术的不断发展,基因功能注释和数据库的研究也将不断推进,为我们更深入地了解生命科学提供更强有力的支持。

除了上述介绍的常用基因功能注释和富集数据库外,还有一些其他的数据库也值得关注。例如,Ensembl 数据库是一个综合性的基因组数据库,涵盖了多个物种的基因组序列、注释和比较等信息。InterPro 数据库则是一个蛋白质家族和域的分类数据库,可以用于进行蛋白质结构和功能的注释和预测。总之,基因功能注释和富集分析是生物信息学研究中不可或缺的内容。通过使用不同的基因功能数据库,我们可以更好地理解基因的生物学作用和相互关系,为生命科学研究提供更深入的支持。

5.1 Gene Ontology

Gene Ontology(GO)是一个用于描述基因和基因产物功能的标准分类体系,涵盖了生物学过程、分子功能和细胞组分三个方面。它是由 Gene Ontology Consortium(GOC)组织开发的,并已成为生物信息学研究中最广泛使用的基因功能注释数据库之一。这里将介绍 Gene Ontology 的历史、分类结构、应用以及未来发展趋势。

Gene Ontology 项目始于 1998 年,由几个研究组联合发起。目的是建立一个标准化的基因和基因产物功能分类系统,以便更好地理解基因功能和相互关系。在接下来的几年中,Gene Ontology 逐渐发展壮大,吸引了越来越多的研究组和科学家的加入。截至目前,Gene Ontology 已成为生物信息学研究中最广泛使用的基因功能注释数据库之一,为生命科学研究提供了重要的支持。

Gene Ontology 的分类体系由三个方面组成:生物学过程(biological process)、分子功能(molecular function)和细胞组分(cellular component)。每个方面都包含了若干个子类别,共同构成了一个完整的分类体系。

生物学过程(biological process)方面描述了基因和基因产物参与的生物过程,如代谢、细胞分裂、免疫反应等。这些生物过程都是基因和基因产物相互作用的结果,通过这些过程来维持生命的正常运行。

分子功能(molecular function)方面描述了基因和基因产物的分子功能,如酶活性、结合能力、转运作用等。这些分子功能是基因和基因产物在生物过程中发挥作用的基础，是维持生命的重要组成部分。

细胞组分（cellular component）方面描述了基因和基因产物所在的细胞结构和位置，如核、细胞膜、线粒体等。这些细胞结构和位置对于基因和基因产物的功能和作用至关重要，它们决定了基因和基因产物相互作用的范围和方式。

Gene Ontology 的主要应用是基因功能注释和分析。在基因组学研究中，我们通常需要对基因和基因产物进行功能注释，以便更好地理解它们在生物过程中的作用和相互关系。使用 Gene Ontology，我们可以将基因和基因产物按照不同的方面和细分类别进行注释和分析，从而得到更准确和全面的结果。具体地说，基因功能注释和分析可以通过基因表达谱数据、基因变异数据、蛋白质互作网络等多种方式实现。例如，我们可以使用基因表达谱数据对基因和基因产物进行差异表达分析，并利用 Gene Ontology 进行功能注释和富集分析，以便更好地理解这些基因和基因产物在生物过程中的作用和相互关系。类似地，我们也可以使用蛋白质互作网络数据对基因和基因产物进行分析，并利用 Gene Ontology 进行功能注释和富集分析，从而揭示蛋白质相互作用网络的结构和功能特征。

随着生物信息学技术的不断发展，Gene Ontology 也在不断完善和更新。未来，Gene Ontology 项目将继续致力于提高分类体系的准确性和可靠性，加强不同分类方面之间的联系和协调，提供更全面和高质量的基因功能注释和分析服务。此外，Gene Ontology 还将与其他数据库和工具进行协作，进一步提高基因功能注释和分析的效率和准确性，为生命科学研究提供更强有力的支持。

总之，Gene Ontology 作为一个标准化的基因和基因产物功能分类系统，为基因功能注释和分析提供了重要的支持。通过使用 Gene Ontology，我们可以更好地理解基因和基因产物在生物过程中的作用和相互关系，为生命科学研究提供更深入的支持。

5.1.1 Gene Ontology 数据库存储数据的类型

Gene Ontology（GO）数据库是一个用于描述基因和蛋白质功能的标准化词汇资源。它包含了一个三级的有向无环图（DAG），其中节点表示生物过程、分子功能和细胞定位的概念。GO 数据库是基因和蛋白质功能注释的核心资源之一，它为研究人员提供了一个统一的数据资源，用于理解生物体内基因和蛋白质的功能及其相互关系。在 GO 数据库中，存储的数据类型主要包括：

(1)术语(Term)

GO 数据库中的术语是指生物过程、分子功能和细胞定位的概念。每个术语都有一个唯一的标识符(ID)和名称,用于描述基因和蛋白质的功能。术语是GO 数据库中最基本的数据类型,它们被组织成一个有向无环图(DAG),形成了一个层次结构。例如,"细胞周期"和"细胞增殖"是生物过程领域的两个术语,"转录因子活性"和"蛋白质结合"是分子功能领域的两个术语,"线粒体内部膜"和"内质网"是细胞定位领域的两个术语。

(2)定义(Definition)

每个术语都有一个定义,用于描述该术语的含义。这些定义通常是通过专家组讨论和文献研究来开发的。定义可以是简短的文本描述,也可以是类似于数学定义的格式。例如,"细胞周期"可以被定义为"在细胞内发生的一系列事件,包括有丝分裂和减数分裂,用于生成新的细胞","线粒体内部膜"可以被定义为"线粒体内膜的一部分,用于分隔线粒体的两个区域"。

(3)关系(Relation)

GO 数据库中存储了术语之间的多种关系。这些关系包括子类别(is_a)、部分-整体(part_of)和关联(related_to)。这些关系有助于研究人员理解不同术语之间的关系,并将它们组织成有序的层次结构。例如,"细胞周期"是"细胞增殖"和"细胞分化"的子类别,"线粒体内部膜"是"线粒体膜"和"线粒体内部"两个术语的部分。

(4)注释(Annotation)

GO 数据库中存储了大量的基因和蛋白质注释信息,这些信息描述了基因或蛋白质与特定术语之间的关系。这些注释信息通常是通过文献研究、实验数据、序列相似性等方法来获得的。例如,一篇研究文章可能会报告某个基因与"细胞周期"这个术语相关联,这意味着该基因可能在细胞周期中发挥着重要的作用。这些注释信息可以帮助研究人员了解基因和蛋白质的功能,并用于分析和解释实验结果。

(5)交叉引用(Cross-reference)

GO数据库中还存储了与其他生物信息数据库之间的交叉引用信息。这些交叉引用信息可以帮助研究人员找到与GO术语相关的其他信息资源,例如,通过与UniProtKB(一个蛋白质序列数据库)进行交叉引用,研究人员可以找到与某个GO术语相关的蛋白质序列。

(6)树形结构(Tree structure)

GO数据库的术语组织成一个有向无环图(DAG),形成了一个层次结构。这个层次结构可以用树形结构来表示,其中根节点是一个名为"GO"的术语,其子节点包括三个大类别:生物过程、分子功能和细胞定位。每个类别下面都有多个子节点,形成了一个逐层递进的树形结构。这个树形结构可以帮助研究人员快速浏览GO术语并了解它们之间的关系。

综上所述,GO数据库中存储的数据类型主要包括术语、定义、关系、注释、交叉引用和树形结构。这些数据类型组成了一个完整的资源,为研究人员提供了一个统一的数据标准,用于描述基因和蛋白质的功能。这些数据类型不仅可以用于基因和蛋白质功能注释,还可以用于生物信息学研究和数据挖掘,例如,GO术语之间的关系可以用于预测基因功能、进行基因表达分析和研究不同物种之间的基因和蛋白质功能差异。

5.1.2 Gene Ontology 数据库存储数据的格式

GO数据库中存储了大量的生物信息学数据,这些数据包括术语、定义、关系、注释、交叉引用和树形结构等,这些数据被存储在一些文件中,以特定的格式进行组织和管理。这里将介绍GO数据库中存储数据的格式。GO数据库中主要有三种不同的数据格式,分别是GO格式、OBO格式和GAF格式。

(1)GO格式

GO格式是GO数据库最早使用的一种格式,它是一种人类可读的格式,使用Tab键来分隔不同的字段。GO格式文件通常具有以下几个部分:

①Version信息:该部分包括GO版本号和日期等信息。

②Term信息:该部分包括所有GO术语的信息,每个术语占据一个块,包括术语ID、术语名称、术语定义等信息。

③Relationship 信息：该部分描述了不同 GO 术语之间的关系，如子类、部分、同义等。

④Subset 信息：该部分包括一些子集术语，用于分类和描述特定的基因和蛋白质功能。

⑤Synonym 信息：该部分包括 GO 术语的同义词，用于在不同文化和语言之间进行翻译。

(2)OBO 格式

OBO 格式是一种结构化的数据格式，也是 GO 数据库的推荐格式。它是一种纯文本格式，使用方括号来表示不同的部分，例如[Term][Typedef]等。OBO 格式文件通常包括以下几个部分：

①Format Version 信息：该部分描述了 OBO 格式的版本号和日期等信息。

②Term 信息：该部分包括所有 GO 术语的信息，每个术语占据一个块，包括术语 ID、术语名称、术语定义等信息。

③Relationship 信息：该部分描述了不同 GO 术语之间的关系，如子类、部分、同义等。

④Typedef 信息：该部分描述了不同 GO 关系类型的定义，如 is_a、part_of 等。

⑤Subset 信息：该部分包括一些子集术语，用于分类和描述特定的基因和蛋白质功能。

⑥Synonym 信息：该部分包括 GO 术语的同义词，用于在不同文化和语言之间进行翻译。

⑦Xref 信息：该部分描述了 GO 术语与其他生物信息数据库之间的交叉引用。

(3)GAF 格式

GAF 格式是用于存储基因和蛋白质注释信息的一种格式，它是一种纯文本格式，将基因或蛋白质的注释信息与 GO 术语和相关信息结合在一起。GAF 格式文件通常包括以下几个部分：

Header 信息：该部分包括 GAF 文件的元数据，如版本号、数据来源、日期等。

Data 信息：该部分包括每个基因或蛋白质的注释信息，每一行表示一个注释。该部分包括以下信息：

①DB_Object_ID：基因或蛋白质的唯一标识符。

②DB_Object_Symbol：基因或蛋白质的符号。

③Qualifier：描述基因或蛋白质和 GO 术语之间的关系的修饰符，如“NOT”表示不属于该术语。

④GO ID：与基因或蛋白质相关的 GO 术语的唯一标识符。

⑤DB_Reference：基因或蛋白质相关的其他生物信息学数据库的交叉引用。

⑥Evidence：用于描述 GO 注释的证据类型，如实验、文献等。

⑦With（或）From：用于描述与 GO 注释相关的其他信息，如基因表达模式等。

⑧Aspect：GO 术语所属的分子功能、生物过程或细胞组分方面。

⑨DB_Object_Name：基因或蛋白质的名称。

⑩DB_Object_Type：基因或蛋白质的类型，如 gene、protein 等。

⑪Taxon：物种信息，用于指示注释是针对哪个生物体进行的。

以上是 GO 数据库中常见的三种格式。GO 格式和 OBO 格式主要用于描述 GO 术语、关系和交叉引用等信息，而 GAF 格式则用于描述基因和蛋白质的注释信息。这些格式的组合形成了 GO 数据库的完整结构，并使得用户能够在其中找到所需的信息，进一步促进了生物信息学研究的发展。

5.1.3 Gene Ontology 数据库数据的访问形式

Gene Ontology（GO）数据库中包含了大量的基因功能和相互关系的信息，因此需要提供一种便捷的访问形式。我们将探讨 Gene Ontology 数据库的数据访问形式，以及一些实例。

（1）基于 Web 的查询

Gene Ontology 提供了一个基于 Web 的查询界面，可以让用户通过输入基因名、UniProt ID、基因描述等信息查询到基因的功能和相互关系。用户还可以使用高级查询功能，例如使用特定的 GO 术语或基因集合等来进行搜索。查询结果可以以表格或图形的形式呈现，以帮助用户更好地理解和解释数据。

（2）基于 API 的查询

Gene Ontology 还提供了一系列 API，可供开发人员使用。这些 API 允许用户通过编程方式访问数据库，并检索特定的数据。这种访问形式适用于需要自动处理大量数据的生物信息学研究。例如，用户可以使用 API 获取所有与特定基因相关的 GO 术语和注释信息。

(3)基于下载的查询

Gene Ontology 数据库还提供了完整的数据下载功能。用户可以下载包含所有 GO 术语和注释信息的文件,并在本地计算机上进行数据处理和分析。这种访问形式适用于需要对大量数据进行计算分析的用户。用户可以使用这些下载的数据进行统计分析、数据挖掘等操作。

用户可以通过 Gene Ontology 网站的查询界面输入"TP53"来搜索与 TP53 基因相关的 GO 术语和注释信息。查询结果将以表格的形式呈现,并且还将包括与 TP53 基因相关的其他信息,例如相关文献和突变信息等。

用户可以使用 Gene Ontology 提供的 API 来获取与 TP53 基因相关的 GO 术语和注释信息。例如,用户可以使用以下代码来获取与 TP53 基因相关的所有 GO 术语:

```
import requests
response = requests. get( url)
print( response. content. decode( ) )
```

用户可以从 Gene Ontology 网站上下载包含所有 GO 术语和注释信息的文件,并在本地计算机上进行数据分析和处理。例如,用户可以下载并使用"goa_human. gaf. gz"文件,该文件包含了人类基因组的 GO 术语和注释信息。用户可以使用常用的统计软件如 R、Python 等来处理这些数据,例如计算不同基因集合的 GO 富集分析等。

Gene Ontology 是一个非常重要的生物信息学资源,可以帮助研究人员了解基因功能和相互关系。该数据库提供了多种不同的访问方式,包括基于 Web 的查询、基于 API 的查询和基于下载的查询。无论是需要快速查询特定基因的注释信息,还是需要进行大规模数据分析,Gene Ontology 数据库都能满足不同用户的需求。在使用 Gene Ontology 数据库时,用户需要仔细阅读相关的文档和使用指南,以便更好地理解和解释数据。

5.1.4 Gene Ontology 数据库数据 ID 编码的形式

GO 数据库提供了一种标准化的编码形式,以帮助研究者们在数据共享和数据整合时能够更好地进行交流和合作。

GO 数据库的编码形式采用了一种标准的 ID 编码格式,这种编码格式是由三部分组成的,分别是 GO 命名空间、数字 ID 和版本号。下面我们将分别介绍这三部分的含义和实例。

(1)GO 命名空间

GO 命名空间是指对 GO 术语进行分类的方式,主要包括分子功能(molecular function)、生物过程(biological process)和细胞组成(cellular component)三个方面。GO 命名空间是一个用于标识 GO 术语类型的字符串,它包含了术语的大类别。例如,GO:0003674 表示的是分子功能方面的术语。

(2)数字 ID

数字 ID 是 GO 术语的唯一标识符,它是一个由数字组成的字符串。数字 ID 是在 GO 数据库中自动生成的,并且每个术语都有一个唯一的数字 ID。例如,GO:0003674 的数字 ID 是 3674。

(3)版本号

版本号是指 GO 术语的版本号,它标识了术语的版本。GO 数据库的术语是不断更新和完善的,因此每个术语都有一个版本号来标识它所属的版本。版本号是由一个数字和一个字母组成的字符串,例如,GO:0003674 的版本号是 GO:0003674！m。

下面是一个关于细胞核基因转录调控的术语在 GO 数据库中的 ID 编码实例:

命名空间:biological_process

数字 ID:GO:0006355

版本号:GO:0006355！m

通过以上的 ID 编码形式,我们可以快速准确地识别和描述 GO 数据库中的各种术语。这种标准化的 ID 编码格式也为研究者们进行数据共享和数据整合提供了非常方便和高效的方式。

5.2 KEGG

KEGG(Kyoto Encyclopedia of Genes and Genomes)是一个基因组学、代谢组

学、系统生物学和化学信息的数据库,它是由日本京都大学的生物信息学研究中心于1995年开始创建的。KEGG数据库旨在整合分子级别的生物信息,为生物科学研究提供高质量的信息资源,尤其在代谢途径和信号传导网络方面有着重要的应用价值。这里将介绍KEGG数据库的发展历史以及其包含的主要内容。

KEGG数据库是由日本京都大学的生物信息学研究中心于1995年开始创建的。在创建初期,KEGG主要聚焦于基因组学和代谢组学方面的研究,致力于收集整理全球生命科学领域的相关数据,并将其进行分类、整合和注释。最初,KEGG主要包含了基因组、代谢途径和化合物的相关信息,以及相关的数据库工具和分析工具。在随后的几年中,KEGG逐渐扩展了其数据范围,增加了许多新的数据库,如信号通路数据库和药物库,以及各种工具和软件,如基因注释工具和代谢途径预测工具。到目前为止,KEGG已经成为生命科学领域中最全面、最权威的综合数据库之一。

KEGG数据库的主要内容包含:

(1)基因组学数据库

KEGG的基因组学数据库收集了来自不同物种的基因组数据,并将其进行注释和整合,以帮助研究者更好地理解和分析生物信息。KEGG基因组学数据库包括基因注释、基因组浏览器、代谢途径、信号通路、药物库等方面的数据。

(2)代谢组学数据库

KEGG代谢组学数据库收集了大量的代谢途径和代谢产物信息,可以为研究者们提供丰富的代谢组学数据和有用的分析工具。代谢组学数据库包括了代谢途径、代谢物、反应等相关数据,还包括了各种工具和软件,如代谢途径预测工具、代谢物注释工具等。

(3)信号通路数据库

KEGG信号通路数据库提供了大量的信号通路和信号传导网络相关的信息,可以帮助研究者们更好地理解和分析信号通路的复杂性。信号通路数据库包括了信号通路、信号蛋白、信号转导、调控网络等方面的数据。此外,该数据库还提供了各种工具和软件,如信号通路预测工具、信号蛋白家族注释工具等。

（4）药物库

KEGG 药物库是一个基于化合物和靶点的数据库，提供了大量的药物相关信息和工具。药物库包括了药物、化合物、靶点等方面的数据，还包括了各种工具和软件，如药物相互作用预测工具、药物副作用预测工具等。

（5）基因注释工具

KEGG 基因注释工具是一个用于对基因进行注释的工具，可以帮助研究者们更好地理解和分析基因信息。该工具可以将基因进行注释，并提供丰富的信息，如基因组位置、同源性分析、GO 注释、KEGG 代谢途径注释等。

（6）代谢途径预测工具

KEGG 代谢途径预测工具是一个用于预测代谢途径的工具，可以根据生物物质转化的化学反应网络和代谢途径库来预测可能存在的代谢途径。该工具可以帮助研究者们更好地理解和分析代谢途径信息，并为代谢组学研究提供支持。

KEGG 数据库提供了全面、丰富、高质量的生物信息资源，对于生命科学领域的研究具有重要的应用价值。KEGG 数据库可以帮助研究者们更好地理解基因组结构和功能，支持基因组学研究的各个方面，如基因注释、同源性分析、基因调控网络等。KEGG 代谢组学数据库提供了丰富的代谢途径和代谢产物信息，可以帮助研究者们更好地理解和分析代谢过程的复杂性，并为代谢组学研究提供支持。KEGG 信号通路数据库提供了大量的信号通路和信号传导网络相关的信息，可以帮助研究者们更好地理解和分析信号通路的复杂性，并为信号通路研究提供支持。KEGG 药物库可以帮助研究者们更好地理解药物的作用机制、药物相互作用等方面的信息，为药物研究提供支持。KEGG 数据库提供了各种工具和软件，如基因注释工具、信号通路预测工具、药物相互作用预测工具等，可以帮助研究者们更好地开发和使用生物信息学工具，促进生物信息学领域的发展。KEGG 数据库提供了大量与人类健康相关的信息，如疾病通路、药物作用机制、蛋白质家族等，可以帮助研究者们更好地研究和理解人类健康与疾病的发生、发展和治疗。

KEGG 数据库作为全球最大、最全面的生物信息资源之一，具有非常重要的应用价值。它为生命科学领域的研究提供了强大的支持和帮助,对于推动生物信息学领域的发展具有重要的促进作用。

5.2.1 KEGG 数据库存储数据的类型

KEGG 数据库其存储的数据类型非常多样化,主要包括以下几个方面:

(1)基因和蛋白质信息

KEGG 数据库包含了大量的基因和蛋白质信息,其中包括了各种生物体的基因组数据和转录组数据。这些数据通过对基因和蛋白质的序列分析,可以帮助研究者更好地了解基因的功能和蛋白质的结构和功能。

(2)代谢途径信息

KEGG 数据库还包含了大量的代谢途径信息,包括各种生物体的代谢途径、代谢产物及其相互作用等。这些数据可以帮助研究者更好地理解生物体内代谢的过程,对于研究代谢相关的疾病具有重要的意义。

(3)信号通路信息

KEGG 数据库还包含了大量的信号通路信息,包括各种生物体的信号通路、信号传导过程及其相互作用等。这些数据可以帮助研究者更好地理解生物体内信号传导的过程,对于研究信号通路相关的疾病具有重要的意义。

(4)药物信息

KEGG 数据库还包含了大量的药物信息,包括各种药物的作用机制、药物相互作用等。这些数据可以帮助研究者更好地了解药物的作用和副作用,为药物研究提供重要的参考。

(5)基因组学信息

KEGG 数据库还包含了大量的基因组学信息,包括各种生物体的基因组结构、基因家族等。这些数据可以帮助研究者更好地了解生物体内基因的演化和分类,对于研究生物体的进化和分类具有重要的意义。

(6)疾病信息

KEGG 数据库还包含了大量的疾病信息,包括各种疾病的病因、发病机制、临床表现等。这些数据可以帮助研究者更好地了解疾病的发生和发展,为疾病的预防和治疗提供重要的参考。

KEGG 数据库存储的数据类型非常丰富,从基因和蛋白质信息到代谢途径、信号通路、药物信息、基因组学信息以及疾病信息等,均能够为生命科学研究提供重要的支持和参考。这些数据可以通过 KEGG 数据库提供的各种工具和服务进行访问和分析,帮助研究者更好地了解生命科学的各个方面,为科学研究和医学应用提供支持。

除了上述数据类型之外,KEGG 数据库还提供了其他一些类型的数据,如基因表达数据、药物化学数据、分子互作网络等,这些数据都能够为研究者提供有价值的信息和资源。其中,分子互作网络是 KEGG 数据库的一个重要组成部分,它展示了生物分子之间的相互作用关系,可以帮助研究者更好地了解生物分子之间的作用机制,为研究生物过程和疾病提供重要的参考。

总的来说,KEGG 数据库是一个综合性的生命科学数据库,其存储的数据类型非常多样化,覆盖了生命科学的各个方面。通过 KEGG 数据库提供的各种工具和服务,研究者可以轻松地访问和分析这些数据,帮助他们更好地了解生命科学的各个方面,为科学研究和医学应用提供支持。随着生命科学研究的不断深入,KEGG 数据库也将不断更新和完善其存储的数据类型,为研究者提供更加丰富和精准的信息和资源。

5.2.2 KEGG 数据库存储数据的格式

在存储这些数据时,KEGG 数据库采用了一系列特定的格式和编码方式,以便于数据的存储、管理和分析。下面将介绍 KEGG 数据库常用的数据格式及其实例。

(1)KEGG PATHWAY 格式

KEGG PATHWAY 格式是 KEGG 数据库中最常用的数据格式之一,它用于存储生物通路信息。该格式采用文本文件形式存储,每个文件对应一个具体的生物通路,其中包含了该通路的相关信息,如通路中的基因、蛋白质、代谢产物等等。下面是 KEGG PATHWAY 格式的一个示例：

```
ENTRY          path:map00020
NAME           Citrate cycle (TCA cycle) - Homo sapiens (human)
DESCRIPTION The citrate cycle (TCA cycle) is an important aerobic
pathway for the
final steps of the oxidation of carbohydrates and fatty acids. The cy-
cle
starts with acetyl-CoA, the activated form of acetate, derived from
glycolysis and pyruvate oxidation for carbohydrates and from beta
            oxidation of fatty acids. The two-carbon acetyl group in ac-
etyl-CoA is
transferred to the four-carbon compound of oxaloacetate to form the
six-carbon compound of citrate. In a series of reactions two carbons
in the citrate are oxidized to CO2 and the reaction pathway supplies
energy to drive the synthesis of ATP.
CLASS          Metabolism; Carbohydrate metabolism
MODULE         M00009  Citrate cycle, first carbon oxidation, oxaloa-
cetate = > 2 - oxoglutarate
ORTHOLOGY    K00168   IDH; isocitrate dehydrogenase [EC:1.1.1.
42]
K00031   IDH1; isocitrate dehydrogenase [EC:1.1.1.41]
K00030   IDH2; isocitrate dehydrogenase [EC:1.1.1.42]
K00026   IDH3A; isocitrate dehydrogenase [EC:1.1.1.41]
K00027   IDH3B; isocitrate dehydrogenase [EC:1.1.1.42]
K00028   IDH3G; isocitrate dehydrogenase [EC:1.1.1.42]
```

上述示例中，每一行代表该生物通路中的一种生物分子或反应，其中 ENTRY 表示通路编号，NAME 表示通路名称，DESCRIPTION 表示通路的描述信息，CLASS 表示通路所属的生物学类别，MODULE 表示通路所属的代谢模块，ORTHOLOGY 表示通路中涉及的基因或蛋白质的注释信息。

(2) KEGG GENOME 格式

KEGG GENOME 格式用于存储基因组信息，包括基因序列、蛋白质序列、基因组注释等。该格式同样采用文本文件形式存储，每个文件对应一个具体的基因组，其中包含了该基因组的相关信息。下面是 KEGG GENOME 格式的一个示例：

```
DEFINITIONAcanthamoeba castellanii Neff
ACCESSION    gca:000002225.2
DBLINKS      BioProject: PRJNA231479
             BioSample: SAMN02953626
Assembly: GCF_000002225.2
Assembly: GCA_000002225.2
ORGANISM     Acanthamoeba castellanii Neff
             Eukaryota; Amoebozoa; Discosea; Longamoebia; Acan-
thamoebidae;
Acanthamoeba; Neff
LINEAGE      Eukaryota; Amoebozoa; Discosea; Longamoebia;
Acanthamoebidae;
Acanthamoeba
```

上述示例中,DEFINITION 表示基因组的定义信息,ACCESSION 表示基因组的访问号,DBLINKS 表示基因组的相关链接,ORGANISM 表示基因组所属的生物分类,LINEAGE 表示基因组的进化关系。

(3)KEGG COMPOUND 格式

KEGG COMPOUND 格式用于存储化合物信息,包括化合物名称、结构式、化学式等。该格式同样采用文本文件形式存储,每个文件对应一个具体的化合物,其中包含了该化合物的相关信息。下面是 KEGG COMPOUND 格式的一个示例:

```
ENTRY        C00002
NAME         ATP
FORMULA      C10H16N5O13P3
MASS         507.181
EXACT_MASS   507.024
REACTION         R00038  R00089  R00342  R00343  R00344  R00345
R00346 R00347
DBLINKS      CAS:56 -65 -5
CHEBI:15422
KNApSAcK:C00007461
PubChem:33019
```

上述示例中,ENTRY 表示化合物编号,NAME 表示化合物名称,FORMULA 表示化学式,MASS 表示摩尔质量,EXACT_MASS 表示精确摩尔质量,REACTION 表示该化合物参与的代谢反应,DBLINKS 表示该化合物的相关链接。

(4) KEGG DISEASE 格式

KEGG DISEASE 格式用于存储疾病信息,包括疾病名称、症状、发病机制等。该格式同样采用文本文件形式存储,每个文件对应一个具体的疾病,其中包含了该疾病的相关信息。下面是 KEGG DISEASE 格式的一个示例:

```
ENTRY        hsa04110
NAME         Cell cycle
DESCRIPTION The cell cycle is the sequence of events in a cell leading
to its
division and duplication (replication) that produces two daughter cells.
In bacteria, which lack a cell nucleus, the cell cycle is divided into
the B, C, and D periods. The
```

上述示例中,ENTRY 表示疾病编号,NAME 表示疾病名称,DESCRIPTION 表示疾病的描述信息。

(5) KEGG DRUG 格式

KEGG DRUG 格式用于存储药物信息,包括药物名称、化学结构、作用机制等。该格式同样采用文本文件形式存储,每个文件对应一个具体的药物,其中包含了该药物的相关信息。下面是 KEGG DRUG 格式的一个示例:

```
ENTRY        D00001
NAME         Azidothymidine (JAN/USP/INN)
REMARK       Same as: C07237 Drug: Zidovudine (JAN/USP/INN) (TN)
FORMULA      C10H13N5O4
EXACT_MASS   267.0978
MOL_WEIGHT   267.2412
CLASS        Antiviral
ATC_CODE     J05AF01
DRUGBANK     DB00495
```

上述示例中,ENTRY 表示药物编号,NAME 表示药物名称,REMARK 表示药物的相关备注信息,FORMULA 表示药物的化学式,EXACT_MASS 表示精确质量,MOL_WEIGHT 表示摩尔质量,CLASS 表示药物的分类,ATC_CODE 表示药物的 ATC 编码,DRUGBANK 表示药物在 DrugBank 中的编号。

KEGG 数据库是一个非常重要的生物信息学数据库,其存储了丰富的生物信息数据,包括基因、基因组、化合物、代谢通路、疾病等信息。在数据存储方面,KEGG 数据库采用了不同的文件格式,例如 KEGG PATHWAY 格式、KEGG GENOME 格式、KEGG COMPOUND 格式、KEGG DISEASE 格式、KEGG DRUG 格式等,每种格式都有自己的特点和用途。这些文件格式通常以文本文件形式存储,具有易读性和易解析性,方便用户进行数据分析和处理。同时,KEGG 数据库也提供了丰富的工具和 API,方便用户进行数据查询和分析,为生物信息学研究提供了重要的支持和帮助。

5.2.3 KEGG 数据库数据的访问形式

为了方便用户获取这些数据,KEGG 数据库提供了多种不同的访问方式和工具。

(1)KEGG 网站

KEGG 网站是 KEGG 数据库最主要的访问方式,用户可以通过浏览器访问该网站,查询各种生物信息数据。KEGG 网站提供了多种不同的功能和工具,例如基因注释、代谢通路分析、药物查询等。用户可以通过简单的搜索功能,快速地找到自己需要的数据,例如输入基因名、代谢物名称、疾病名称等关键词,即可获取相关信息。

(2)KEGG API

除了通过网站访问 KEGG 数据库外,用户还可以通过 KEGG API 获取数据。KEGG API 是一组基于 HTTP 协议的 RESTful API,用户可以通过编程的方式,以 API 的形式获取 KEGG 数据。KEGG API 提供了多种不同的 API 接口,例如基因注释 API、化合物查询 API、代谢通路 API 等,用户可以根据自己的需求选择不同的 API 接口进行数据获取。下面是一个通过 KEGG API 获取基因注

释信息的示例:

```
import requests
#设置 API 请求 URL
#发送 API 请求,获取基因注释信息
response = requests. get(url)
print(response. text)
```

上述代码中,首先设置了 API 请求的 URL,其中 hsa:1234 表示人类基因组中的基因编号。然后使用 Python 的 requests 库发送 API 请求,获取基因注释信息。最后输出 API 返回的结果,即可获得基因注释信息。

(3)KEGG FTP

除了通过网站和 API 访问 KEGG 数据库外,用户还可以通过 FTP 方式获取 KEGG 数据。KEGG FTP 提供了多种不同的数据文件,包括基因组序列、代谢通路数据、化合物数据等,用户可以根据自己的需求下载相应的数据文件。

用户可以使用 FTP 客户端工具,例如 FileZilla、WinSCP 等,连接到 KEGG FTP 服务器,浏览和下载所需的数据文件。

KEGG 数据库提供了多种不同的访问方式和工具,包括网站、API 和 FTP,用户可以根据自己的需求选择不同的访问方式获取所需的数据。KEGG 网站提供了丰富的功能和工具,方便用户进行数据查询。

5.2.4 KEGG 数据库数据 ID 编码的形式

KEGG 数据库中的数据被赋予了不同的 ID 编码,这些编码是一种用于唯一标识不同生物分子或生物过程的标识符。这些 ID 编码可以让用户快速定位并访问所需的数据。KEGG 数据库中最常用的 ID 编码包括 KEGG Compound ID、KEGG Drug ID、KEGG Glycan ID、KEGG Orthology ID、KEGG Pathway ID、KEGG Reaction ID 等。

(1)KEGG Compound ID

KEGG Compound ID 是一种用于标识化合物的 ID 编码,由 C、D、G、H、L、R、P、S 等不同类型的化合物组成。具体来说,KEGG Compound ID 由一个字母和一个五位数字组成，例如，C00010 表示 ATP 分子。

其中，第一个字母表示化合物类型，具体如下：

C：普通化合物

D：药物

G：糖

H：生物素

L：氨基酸

R：反应物

P：酶促反应产物

S：代谢物

数字部分则表示该化合物在 KEGG 数据库中的唯一编号，如 C00010 表示 ATP 分子。这些编码具有唯一性，可以让用户在 KEGG 数据库中准确地找到需要的化合物信息。

下图展示了 KEGG Compound ID 的格式及其实例：

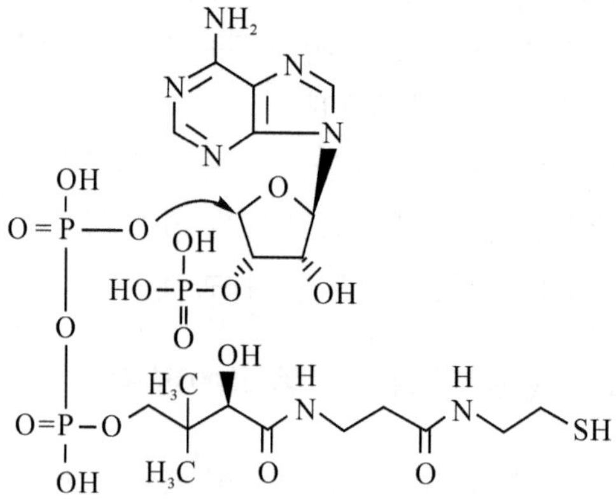

C00010

(2) KEGG Drug ID

KEGG Drug ID 是一种用于标识药物分子的 ID 编码，由 D 字母和一个五位数字组成，例如，D00668 表示多西环素分子。这些编码也具有唯一性，可以让用户在 KEGG 数据库中快速准确地找到所需的药物信息。

下图展示了 KEGG Drug ID 的格式及其实例：

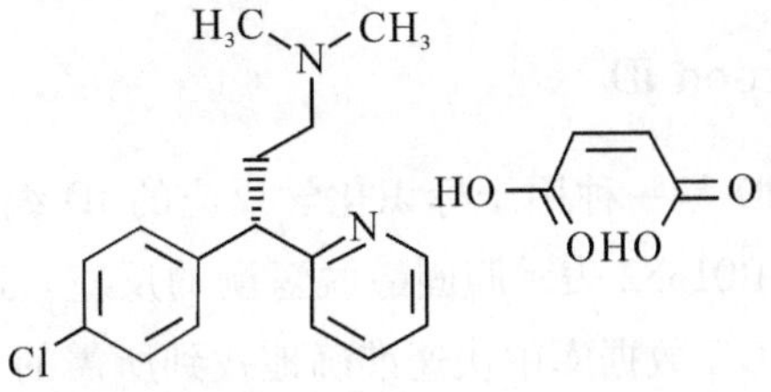

H_3C N CH_3

HO O

OHO O

N

Cl

D00668

(3) KEGG Glycan ID

KEGG Glycan ID 是一种用于标识糖分子的 ID 编码，由 G 字母和一个五位数字组成，例如，G00018 表示葡萄糖分子。这些编码也具有唯一性，可以让用户在 KEGG 数据库中快速准确地找到所需的糖分子信息。下图展示了 KEGG Glycan ID 的格式及其实例：

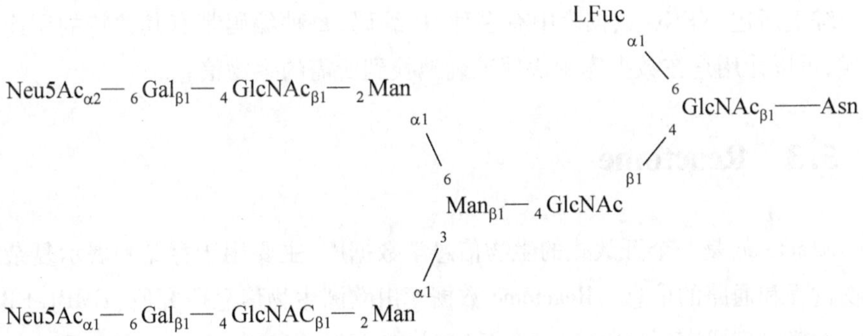

LFuc

α1

6

$Neu5Ac_{\alpha2}$— $_6Gal_{\beta1}$— $_4GlcNAc_{\beta1}$— $_2Man$ $GlcNAc_{\beta1}$——Asn

α1 4

6 β1

$Man_{\beta1}$— $_4GlcNAc$

3

α1

$Neu5Ac_{\alpha1}$— $_6Gal_{\beta1}$— $_4GlcNAC_{\beta1}$— $_2Man$

G00018

(4) KEGG Orthology ID

KEGG Orthology ID 是一种用于标识基因或蛋白质序列的 ID 编码，由 K 字母和一个五位数字组成，例如，K00844 表示 ADP 激酶基因。这些编码也具有唯一性，可以让用户在 KEGG 数据库中快速准确地找到所需的基因或蛋白质信息。

(5) KEGG Pathway ID

KEGG Pathway ID 是一种用于标识代谢通路或信号通路的 ID 编码，由 map 字母和一个五位数字组成，例如，map00010 表示戊糖核酸代谢通路。这些编码也具有唯一性，可以让用户在 KEGG 数据库中快速准确地找到所需的代谢通路或信号通路信息。

(6)KEGG Reaction ID

KEGG Reaction ID 是一种用于标识化学反应的 ID 编码，由 R 字母和一个五位数字组成，例如，R01352 表示胆固醇脱氢酶的反应。这些编码也具有唯一性，可以让用户在 KEGG 数据库中快速准确地找到所需的化学反应信息。下图展示了 KEGG Reaction ID 的格式及其实例：

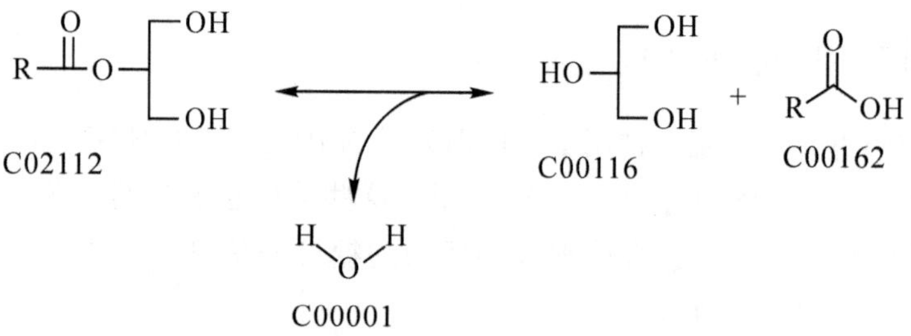

C02112 ⇌ C00116 + C00162

C00001

综上所述，KEGG 数据库中有多种 ID 编码，每种编码都有其独特的用途和形式，可以让用户在数据库中快速准确地找到所需的生物信息。

5.3 Reactome

Reactome 是一个开放式的生物信息学数据库，主要用于存储和展示复杂的生物过程和通路的信息。Reactome 数据库由欧洲生物信息研究所(EMBL-EBI)和安大略癌症研究所(OICR)联合开发，并在 2003 年首次发布。目前，Reactome 数据库是全球最大的基于人类代谢和信号传导网络的开放式生物通路数据库之一，包含了超过 2 万个人类基因的代谢和信号传导通路信息。这里将介绍 Reactome 数据库的发展历史、特点和应用。

Reactome 数据库的发展始于 2002 年，当时欧洲生物信息研究所的研究人员 Ewan Birney、Lincoln Stein 和 Emmanuel Barillot 开始构建一个新的生物通路数据库。这个数据库的目的是将已有的生物通路数据整合到一个可浏览、可搜索和可定制的数据库中，以帮助生物学家更好地理解生物过程的复杂性。在接下来的一年中，Reactome 团队开发了一个基于 Java 技术的数据库系统，并开始整合多种生物通路数据。在 2003 年，Reactome 数据库首次发布。该数据库包含了近 200 个代谢和信号传导通路，并提供了详细的注释信息和可视化工具，帮助研究人员更好地理解通路中的各种分子和反应。随着数据库的不断完善和扩展，Reactome 数据库逐渐成为一个公认的生物通路数据库，被广泛用于生物学研究和医学应用。

目前，Reactome 数据库由欧洲生物信息研究所（EMBL-EBI）和安大略癌症研究所（OICR）联合维护和开发。Reactome 团队在数据库的不断完善和扩展中，始终坚持开放、透明和合作的原则，积极与其他生物通路数据库进行交流和整合，努力为生物学研究和医学应用提供更好的支持。

Reactome 数据库的主要特点包括以下几个方面：

（1）数据来源广泛

Reactome 数据库整合了来自多个数据源的生物通路信息，包括手工维护的数据库、文献和公共数据资源等。这样可以确保数据库中的生物通路信息具有较高的可靠性和准确性。

（2）详细的注释信息

Reactome 数据库提供了详细的注释信息，包括分子的命名、反应的物质平衡、反应的催化因子等。这些注释信息可以帮助生物学家更好地理解生物通路的功能和机制。

（3）可视化工具

Reactome 数据库提供了多种可视化工具，帮助生物学家更好地展示和理解生物通路的结构和功能。例如，Reactome 数据库提供了通路图工具，可以将通路信息可视化为图形化的网络结构，便于用户查看和分析。

（4）数据更新及时

Reactome 数据库的开发团队会定期更新数据库中的生物通路信息，确保数据库中的信息始终与最新的生物学研究成果保持一致。此外，Reactome 数据库还提供了 API 接口和数据下载功能，方便生物学家获取和分析数据库中的数据。

Reactome 数据库的应用非常广泛，主要包括以下几个方面：

①生物学研究：Reactome 数据库为生物学研究提供了一个非常有价值的资源。通过 Reactome 数据库，生物学家可以了解到不同生物通路之间的关系、通路的功能和机制等重要信息，帮助研究人员更好地理解生物过程的复杂性。

②药物研发：Reactome 数据库在药物研发领域也具有重要的应用价值。药

物的作用机制通常与特定的生物通路有关，因此通过 Reactome 数据库可以了解到药物作用的通路和具体的作用机制，为药物研发提供有价值的信息。

③临床诊断：Reactome 数据库还可以应用于临床诊断。例如，Reactome 数据库中包含了多个与癌症相关的生物通路信息，这些信息可以用于癌症诊断和治疗的研究和应用。

Reactome 数据库是一个非常有价值的生物信息学数据库，提供了大量的生物通路信息和可视化工具，为生物学研究和医学应用提供了重要的支持。随着生物学研究的不断深入和发展，Reactome 数据库的应用前景将越来越广阔。

5.3.1 Reactome 基因组数据库存储数据的类型

Reactome 基因组数据库存储的数据类型主要涉及生物通路、反应、实体和注释等多个方面，以下是具体的介绍：

(1)生物通路

Reactome 数据库中存储了大量的生物通路信息，包括代谢通路、信号转导通路、基因表达调控通路等多个方面。每个生物通路都被表示为一个图形化的网络结构，其中节点代表化合物、蛋白质或其他生物实体，边缘代表实体之间的反应和相互作用。生物通路中的节点和边缘都具有丰富的注释信息，帮助研究人员更好地理解生物通路的功能和机制。

(2)反应

Reactome 数据库中存储了大量的生物反应信息，包括代谢反应、信号转导反应、基因表达调控反应等多个方面。每个反应都被表示为一个图形化的网络结构，其中节点代表化合物、蛋白质或其他生物实体，边缘代表实体之间的反应和相互作用。反应中的节点和边缘都具有丰富的注释信息，帮助研究人员更好地理解反应的机制和作用。

(3)实体

Reactome 数据库中存储了大量的生物实体信息，包括化合物、蛋白质、DNA 序列等多个方面。每个实体都具有丰富的注释信息，帮助研究人员更好地理解实体的功能和作用。

(4)注释

Reactome 数据库中存储了大量的生物通路、反应和实体的注释信息,包括生物通路的分类、反应的催化因子、实体的结构信息等多个方面。这些注释信息可以帮助研究人员更好地理解生物通路的功能和机制。

(5)数据关联

Reactome 数据库还存储了大量的数据关联信息,包括生物通路、反应和实体与其他数据库的关联信息。这些数据关联信息可以帮助研究人员更好地了解生物通路和反应与其他生物信息学数据库之间的联系。

(6)可视化数据

Reactome 数据库还存储了大量的可视化数据,包括生物通路和反应的图形化网络结构、实体的三维结构等多个方面。这些可视化数据可以帮助研究人员更好地理解生物通路和反应的结构和功能。

Reactome 基因组数据库存储了丰富多样的生物通路、反应、实体和注释等数据类型。

5.3.2 Reactome 基因组数据库存储数据的格式

Reactome 基因组数据库存储数据的格式是非常重要的,因为它影响着研究人员对数据的访问、分析和可视化。Reactome 数据库支持多种数据格式,包括 RDF(Resource Description Framework)、SBML(Systems Biology Markup Language)、BioPAX(Biological Pathway Exchange)等。

(1)RDF 格式

RDF 是一种描述网络资源的语言,它是一种基于 XML 的语法,可以用来描述资源之间的关系和属性。Reactome 数据库使用 RDF 格式来描述生物通路、反应、实体和注释等数据,以及与其他数据库之间的关联信息。RDF 格式的数据可以通过 SPARQL(SPARQL Protocol and RDF Query Language)查询来获取数据,并支持数据可视化工具进行可视化。

(2)SBML 格式

SBML 是一种系统生物学标记语言，它是一种 XML 格式，用于描述代谢通路、信号转导通路等生物系统的数学模型。Reactome 数据库使用 SBML 格式来描述生物通路和反应的数学模型，以便研究人员可以对生物系统进行定量分析和模拟。

(3)BioPAX 格式

BioPAX 是一种生物通路交换格式，它是一种 XML 格式，用于描述生物通路、反应和实体之间的关系和属性。Reactome 数据库使用 BioPAX 格式来描述生物通路、反应和实体的关系和属性，以便研究人员可以进行数据交换和数据整合。

(4)图形格式

Reactome 数据库还支持图形格式的数据，包括 PNG(Portable Network Graphics)和 SVG(Scalable Vector Graphics)等。这些格式的数据可以用于图形化展示生物通路、反应和实体的结构和属性。

(5)OWL 格式

OWL(Web Ontology Language)是一种用于表示本体和知识图谱的标准格式，它是一种 XML 格式，可以在不同的计算机系统和软件之间进行交换和共享。Reactome 基因组数据库提供了 OWL 格式的本体和知识图谱数据，用户可以下载这些数据，用于建立和维护本体和知识图谱，并进行计算和分析。OWL 格式数据可通过网站或 API 访问方式进行下载。

(6)JSON 格式

JSON(JavaScript Object Notation)是一种轻量级的数据交换格式，它以键值对的形式表示数据，易于读取和解析。Reactome 基因组数据库提供了 JSON 格式的生物通路和反应数据，用户可以下载这些数据，用于建立和模拟生物通路模型，并进行计算和分析。JSON 格式数据可通过网站或 API 访问方式进行下载。

Reactome 基因组数据库存储的数据格式非常多样化，包括 RDF、SBML、Bio-

PAX 以及图形格式等。这些数据格式的选择,不仅可以满足不同研究人员的需求,同时也可以促进生物通路、反应和实体之间的交互和整合。

5.3.3 Reactome 基因组数据库数据的访问形式

Reactome 提供了多种数据访问方式,包括网站、API、数据下载等。这些访问方式使得研究人员可以方便地访问和利用 Reactome 数据库中的数据来进行生物信息学研究和分析。下面将分别介绍 Reactome 基因组数据库的数据访问方式及其实例。

(1)网站

Reactome 基因组数据库的主要数据访问方式是网站,该网站提供了多种数据访问和分析工具,包括搜索、浏览、注释、可视化、数据下载等功能。用户可以通过搜索功能查找特定生物通路、反应或实体,也可以通过浏览功能浏览 Reactome 数据库中的生物通路层次结构。此外,网站还提供了基于图形的可视化工具,如生物通路图和反应图等,用户可以通过这些工具直观地了解生物通路、反应和实体之间的关系。另外,网站还提供了数据下载功能,用户可以下载 Reactome 数据库中的各种数据,如生物通路、反应、实体、注释、文献等,以便进一步分析和使用。

(2)API

Reactome 基因组数据库还提供了 API(Application Programming Interface)访问方式,允许开发人员编写程序以访问 Reactome 数据库中的数据。API 提供了 RESTful 风格的 Web 服务,可用于通过编程语言如 Java、Python、Perl 等来访问 Reactome 数据库中的数据。API 可以用于搜索生物通路、反应、实体和注释信息,以及访问生物通路和反应图等图形数据。下面是一个使用 Reactome API 进行生物通路搜索的示例:

首先,需要获取一个 Reactome API 密钥(API key)。如"Insulin signaling pathway",然后点击"Show URL"按钮,即可在 URL 地址栏中获取 API 密钥。

然后,将该 URL 地址中的"API key"替换为获取的 API 密钥。

最后,可以使用 Python 编写程序来访问该 URL,获取生物通路的数据:

```
import requests
response = requests.get(url)
if response.status_code == 200:
data = response.json()
print(data)
```

该程序将返回包含生物通路信息的 JSON 格式数据。

综上所述，Reactome 基因组数据库提供了多种数据访问方式和数据下载格式，使得研究人员可以方便地访问和利用 Reactome 数据库中的数据来进行生物信息学研究。

5.3.4 Reactome 基因组数据库数据 ID 编码的形式

Reactome 基因组数据库中的每个数据都有一个唯一的标识符，称为 Reactome ID，用于区分不同的生物实体和反应。Reactome ID 是一个由数字和字母组成的字符串，其格式和含义与其所代表的生物实体或反应有关。Reactome ID 的编码形式如下：

(1)反应的 Reactome ID

反应的 Reactome ID 以 REACT_开头，后面跟着一个数字，例如 REACT_1243。这个数字是唯一的，代表 Reactome 数据库中的每个反应。每个反应都有一个 Reactome ID，以便在 Reactome 数据库中进行唯一标识和查询。

(2)生物实体的 Reactome ID

生物实体的 Reactome ID 以 R - 开头，后面跟着一个数字，例如 R - ATH - 242415。这个数字是唯一的，代表 Reactome 数据库中的每个生物实体。每个生物实体都有一个 Reactome ID，以便在 Reactome 数据库中进行唯一标识和查询。生物实体的 Reactome ID 中还包括一个物种缩写，例如 ATH 代表拟南芥，HSA 代表人类，等等。

(3)活动实体的 Reactome ID

活动实体的 Reactome ID 以 R - HSA - 开头，后面跟着一个数字，例如 R -

HSA－112310。这个数字是唯一的，代表 Reactome 数据库中的每个活动实体。活动实体是指在生物反应中直接参与的分子或化合物，如蛋白质、小分子等。每个活动实体都有一个 Reactome ID，以便在 Reactome 数据库中进行唯一标识和查询。

（4）转录因子的 Reactome ID

转录因子的 Reactome ID 以 R－HSA－TF－开头，后面跟着一个数字，例如 R－HSA－TF－323654。这个数字是唯一的，代表 Reactome 数据库中的每个转录因子。转录因子是指在基因表达调控中发挥重要作用的蛋白质分子，它们可以结合到基因的启动子区域上，调控基因的转录水平。每个转录因子都有一个 Reactome ID，以便在 Reactome 数据库中进行唯一标识和查询。

（5）代谢物的 Reactome ID

代谢物的 Reactome ID 以 R－开头，后面跟着一个数字，例如 R－ALL－29440。这个数字是唯一的，代表 Reactome 数据库中的每个代谢物。代谢物是指在细胞代谢中参与的化合物，如氨基酸、核苷酸、脂类等。每个代谢物都有一个 Reactome ID，以便在 Reactome 数据库中进行唯一标识和查询。

（6）活动实体注释的 Reactome ID

活动实体注释是指对活动实体的一些额外描述或注释信息，如它在生物反应中的具体作用、参与反应的亚单位、修饰状态等。活动实体注释的 Reactome ID 以 R－HSA－开头，后面跟着一个数字和一些字母，例如 R－HSA－5251432.1。这个数字和字母的组合是唯一的，代表 Reactome 数据库中的每个活动实体注释。每个活动实体注释都有一个 Reactome ID，以便在 Reactome 数据库中进行唯一标识和查询。

Reactome ID 的编码形式有助于在 Reactome 数据库中快速准确地定位生物实体和反应，并可以与其他数据库进行交叉引用。例如，可以使用 Reactome ID 将 Reactome 数据库中的反应与其他数据库中的生物实体或反应进行关联，以便进行更深入的分析和研究。

在 Reactome 数据库中，可以通过多种方式获取 Reactome ID，如在 Reactome 网站上浏览或搜索特定的生物实体或反应，并查看它们的 Reactome ID。此外，还可以通过 Reactome 数据库的 API 接口或 R 包等工具直接获取 Reactome ID，以便在自己的研究中使用。Reactome 数据库中的 Reactome ID 编码形式简单易懂，唯一性高，使得在生物学研究中的应用越来越广泛，特别是在系统生物学、网络生物学等领域。

第六章　基因组突变数据库

随着基因组学研究的迅猛发展，基因组突变数据库的重要性日益凸显。基因组突变数据库是指存储有关基因组序列突变信息的数据库，主要包括单核苷酸多态性（SNP）、小片段插入/缺失（Indel）、单倍体型（HaploType）等各种类型的突变。这些数据库可以帮助研究人员更好地理解人类基因组的变异现象，为研究疾病的发生机制提供重要的数据支持。这里将介绍七个常用的基因组突变数据库，包括 COSMIC、dbSNP、ExAC、gnomAD、1000 Genomes、ClinVar 和 HGMD。

（1）COSMIC

COSMIC（Catalogue of Somatic Mutations in Cancer）是一个由英国癌症研究所创建的数据库，用于收集和分析人类癌症相关的突变数据。COSMIC 目前包含来自超过三万个癌症患者的超过 900 万条突变数据，包括 SNP、Indel、结构变异等各种类型的突变。COSMIC 数据库还提供详细的注释信息，包括突变的功能影响、突变在人类基因组中的位置等。

（2）dbSNP

dbSNP（database of Single Nucleotide Polymorphisms）是由美国国立生物技术信息中心（NCBI）维护的一个数据库，用于存储人类基因组中已知的 SNP 信息。目前，dbSNP 数据库中包含超过 3 亿个 SNP 位点，涵盖了人类基因组中的大多数变异。dbSNP 数据库还提供了详细的注释信息，包括 SNP 的位置、功能影响、临床相关性等。

（3）ExAC

ExAC（Exome Aggregation Consortium）是由哈佛大学和布罗德学院等多个机

构合作创建的数据库，用于存储人类外显子组中的突变信息。ExAC 数据库包含来自超过 6 万个个体的近 10 亿个突变位点，是目前最大的外显子组突变数据库之一。ExAC 数据库还提供了详细的注释信息，包括突变的功能影响、突变在人类基因组中的位置等。

(4) gnomAD

gnomAD(Genome Aggregation Database)是由哈佛大学和布罗德学院等多个机构合作创建的数据库，用于存储人类基因组中的突变信息。与 ExAC 数据库不同，gnomAD 数据库包含了来自全基因组的突变信息，包括 SNP、Indel、结构变异等各种类型的突变。gnomAD 数据库包含来自超过 1 万个个体的约 32 亿个突变位点，是目前最大的全基因组突变数据库之一。gnomAD 数据库还提供了详细的注释信息，包括突变的功能影响、突变在人类基因组中的位置等。

(5) 1000 Genomes

1000 Genomes 是由国际基因组计划组织(International Genome Consortium)创建的一个数据库，用于存储人类基因组中的变异信息。1000 Genomes 数据库包含了来自全球多个人群的 2504 个个体的基因组序列数据，涵盖了人类基因组中大多数的变异。1000 Genomes 数据库还提供了详细的注释信息，包括变异的位置、功能影响、频率等。

(6) ClinVar

ClinVar 是由美国国家医学图书馆(National Library of Medicine)创建的一个数据库，用于存储人类基因组中与健康和疾病相关的遗传变异信息。ClinVar 数据库包含了来自全球多个研究机构和诊断实验室的数百万个变异数据，包括 SNP、Indel、结构变异等各种类型的变异。ClinVar 数据库还提供了详细的注释信息，包括变异的临床相关性、功能影响等。

(7) HGMD

HGMD(Human Gene Mutation Database)是由英国斯图尔特 · 克莱门特 · 格雷格研究所(St. Mary's Hospital)创建的一个数据库，用于存储人类基因组中已知的遗传变异信息。HGMD 数据库包含了来自全球多个研究机构和诊断实验室的超过 22 万个突变数据，主要包括与遗传性疾病相关的突变信息。HGMD

数据库还提供了详细的注释信息,包括突变的临床相关性、功能影响等。

基因组突变数据库在研究人类基因组变异和疾病发生机制方面具有重要的作用。这里介绍了七个常用的基因组突变数据库,包括 COSMIC、dbSNP、ExAC、gnomAD、1000 Genomes、ClinVar 和 HGMD。这些数据库提供了丰富的基因组突变信息和详细的注释信息,为研究人员提供了重要的数据支持。但是需要注意的是,由于不同数据库收集的数据来源和数据类型不同,因此在使用这些数据库时需要根据具体研究需求选择合适的数据库并进行数据验证和过滤,以确保数据的可靠性和准确性。

6.1 COSMIC

COSMIC (Catalogue of Somatic Mutations in Cancer)是一个涵盖了多种癌症类型的全基因组突变数据库,其中包含了来自全球数千个研究机构的数百万条基因突变数据。COSMIC 数据库成立于 2004 年,旨在提供一种资源,以便研究人员能够更好地理解癌症基因组的突变模式。以下是关于 COSMIC 数据库的更多信息,包括其发展历史、数据来源、数据类型、数据分析工具和使用示例等。

COSMIC 数据库的创建始于 2003 年,当时一个由英国剑桥大学和美国国家癌症研究所(NCI)的研究小组共同发起了这一项目。其初衷是收集和记录全球各地的癌症基因组数据,从而建立一个全面的癌症突变数据库。自成立以来,COSMIC 数据库已经经历了多个版本的更新和升级,目前最新的版本是 COSMIC v101。

COSMIC 数据库的数据主要来自全球各地的多个研究机构和癌症研究组织。这些数据是通过各种方法收集的,包括基因组测序、芯片分析、荧光原位杂交等。COSMIC 数据库的数据也包含了来自公共数据库的数据,如 dbSNP 和 Ensembl 等。

COSMIC 数据库的数据类型非常广泛,包括基因、转录本、外显子、剪接位点、单核苷酸多态性(SNP)和基因突变等。其中最重要的是基因突变数据,这些数据包括肿瘤和正常细胞中的所有类型的突变,包括点突变、插入、删除、复合突变等。此外,COSMIC 数据库还包括与突变相关的各种信息,如肿瘤类型、突变的功能影响、癌症基因的表达情况等。

COSMIC 数据库提供了各种工具和资源,以便研究人员可以对其数据进行深入的分析和研究。其中最重要的是 COSMIC 解析工具,它是一个在线工具,可以用于对突变数据进行注释和分析。该工具提供了各种分析功能，如寻找特定基因的突变、确定不同突变类型之间的关系、分析肿瘤类型和疾病相关性等。

COSMIC 数据库的数据被广泛应用于癌症研究领域，包括癌症发病机制、癌症诊断、治疗和预后预测等方面。下面是 COSMIC 数据库在癌症研究中的一些应用示例：COSMIC 数据库中的突变信息可以用于对基因组数据进行注释和功能预测。通过对 COSMIC 中记录的突变类型、位置和影响等信息进行分析，可以预测突变对基因的功能影响，从而为癌症的诊断和治疗提供有用的信息。COSMIC 数据库中的数据可以用于肿瘤分型和疾病分类。通过对 COSMIC 中不同癌症类型的突变模式和分布情况进行分析，可以确定癌症的不同亚型和分类。这有助于研究人员更好地了解不同癌症类型之间的差异和相似性，从而为精准医学的发展提供支持。COSMIC 数据库中的数据可以用于靶向治疗和药物研发。通过对 COSMIC 中突变与癌症基因相关性的分析，可以确定靶向治疗的靶点和药物。此外，COSMIC 还提供了与药物相关的数据，如药物对不同突变类型的敏感性和耐受性等，这些信息有助于研究人员更好地了解药物作用机制和预测药物疗效。

COSMIC 数据库是一个重要的全基因组突变数据库，为研究人员提供了丰富的基因组数据和分析工具。其数据来源广泛，类型丰富，应用范围广泛，是癌症研究中不可或缺的资源。通过对 COSMIC 数据库的深入了解和应用，研究人员可以更好地理解癌症基因组的突变模式，为癌症的预防、诊断和治疗提供支持。

6.1.1 COSMIC 数据库存储数据的类型

COSMIC 数据库中存储的数据类型丰富多样，包括基因组变异、染色体重排、拷贝数变异、基因表达等多种类型的数据。下面将对 COSMIC 数据库中存储的不同数据类型进行介绍。

(1)基因组变异数据

基因组变异是 COSMIC 数据库中最常见的数据类型。该数据类型记录了不同癌症样本中基因组的突变情况，包括单核苷酸变异(SNV)、小插入/缺失(indel)、结构变异等。其中，单核苷酸变异是最常见的基因组变异类型，它包括了单核苷酸突变(point mutation)和小片段插入/缺失(small insertion/deletion)。COSMIC 数据库中的基因组变异数据可以帮助研究人员更好地了解不同癌症样本之间的基因组差异,并确定癌症的突变模式和驱动因素。

(2)染色体重排数据

染色体重排是一种基因组变异类型,它涉及染色体的重排和重组。COSMIC 数据库中的染色体重排数据记录了不同癌症样本中的染色体重排情况,包括倒位、重复、缺失等。染色体重排是许多癌症的常见基因组变异类型之一,它对癌症的发生和进展具有重要的影响。COSMIC 数据库中的染色体重排数据可以帮助研究人员更好地了解不同癌症样本之间的染色体变异模式,从而为癌症的治疗和预后提供有用的信息。

(3)拷贝数变异数据

拷贝数变异是指基因组区域的拷贝数增加或减少,它是癌症基因组中的重要变异类型之一。COSMIC 数据库中的拷贝数变异数据记录了不同癌症样本中的拷贝数变异情况,包括基因的拷贝数增加和减少等。拷贝数变异对于癌症的发生和进展具有重要的影响,它可以改变基因的表达水平和功能。COSMIC 数据库中的拷贝数变异数据可以帮助研究人员更好地了解不同癌症样本之间的拷贝数变异模式,从而为癌症的治疗和预后提供有用的信息。

(4)基因表达数据

基因表达数据是指不同组织或细胞类型中基因的表达水平差异。COSMIC 数据库中的基因表达数据记录了不同癌症样本中基因的表达水平,包括 RNA 表达和蛋白质表达等。基因表达的变化可以直接反映基因的功能和代谢状态,对于癌症的发生和治疗具有重要的意义。COSMIC 数据库中的基因表达数据可以帮助研究人员更好地了解不同癌症样本之间的基因表达模式,从而为癌症的诊断和治疗提供有用的信息。

(5)病人信息数据

除了基因组数据之外,COSMIC 数据库中还存储了与癌症患者相关的病人信息数据。这些数据包括患者的临床信息、样本来源、分期等。病人信息数据对于研究癌症的发生和预后具有重要的意义,可以帮助研究人员更好地理解不同癌症样本之间的差异和相似性。

COSMIC 数据库中存储的数据类型丰富多样,可以帮助研究人员更好地了解不同癌症样本之间的基因组变异和表达差异，从而为癌症的治疗和预后提供有用的信息。

6.1.2 COSMIC 数据库存储数据的格式

在 COSMIC 数据库中，每个突变事件都被赋予一个唯一的标识符，可以用于在数据库中检索和标识该事件。该数据库收集了来自世界各地的上万例肿瘤患者的基因组数据，涉及多种类型的癌症，包括肺癌、乳腺癌、结直肠癌等。这里将介绍 COSMIC 基因组数据库存储数据的格式及实例，以帮助读者更好地理解该数据库。

COSMIC 数据库存储数据的格式采用了多种标准数据格式，包括 CSV（逗号分隔值）、TXT（文本文件）、SQL（结构化查询语言）等格式。

（1）基因信息数据格式（CSV 格式）

该数据格式包含了基因名称、染色体位置、基因变异类型、功能影响、基因描述等信息。下面是一个基因信息数据的示例：

Gene name	Chromosome	Position	Mutation type	Functional impact	Description
TP53	17	7577120	Missense mutation	Likely pathogenic	Tumor protein p53

（2）突变信息数据格式（CSV 格式）

该数据格式包含了突变事件的唯一标识符、基因名称、突变类型、染色体位置、变异等信息。下面是一个突变信息数据的示例：

Mutation ID	Gene name	Mutation type	Chromosome	Position	Reference allele	Variant allele
COSM2541	BRAF	Missense mutation	7	140453136	A	V

（3）肿瘤样本信息数据格式（TXT 格式）

该数据格式包含了肿瘤样本的唯一标识符、病人信息、肿瘤类型、肿瘤分级、肿瘤部位等信息。下面是一个肿瘤样本信息数据的示例：

```
Sample ID：TCGA-A8-A07B-01A-21D-A033-08 Patient ID：TCGA-A8-A07B Cancer type：Breast Grade：2 Site：Nipple
```

(4)突变注释数据格式(SQL格式)

该数据格式包含了突变事件的注释信息,如基因型、功能预测、突变位置等信息。下面是一个突变注释数据的示例:

```
CREATE TABLE mutation_annotation ( Mutation_ID varchar(15) NOT NULL, Functional_Impact varchar(50) DEFAULT NULL, Variant_Classification varchar(50) DEFAULT NULL, Mutation_Position varchar(50) DEFAULT NULL,
PRIMARY KEY (Mutation_ID)
);
INSERT INTO mutation_annotation VALUES ('COSM2541', 'Likely pathogenic', 'Missense Mutation', 'Exon 15');
```

综上所述,COSMIC数据库以其大量且详细的突变信息以及广泛的突变注释信息而著名。其数据格式包括基因信息、突变信息、肿瘤样本信息和突变注释等信息。这些数据对于研究肿瘤的发生机制、发展过程以及针对性治疗的设计都具有重要意义。同时,由于COSMIC数据库的数据格式和存储方式非常规范化,因此可以方便地进行数据的查询、分析和整合,为研究人员提供了广阔的研究空间。

6.1.3 COSMIC数据库数据的访问形式

COSMIC数据库中的数据以不同的形式存储和访问,包括网页查询、数据下载以及API调用等形式。这里将会介绍COSMIC数据库的不同访问方式,并提供一些实例。

(1)网页查询

COSMIC数据库提供了网页查询的方式,用户可以在COSMIC的官方网站上查询感兴趣的肿瘤样本、基因和突变等信息。在网页查询界面,用户可以通过关键词搜索、筛选和排序等方式来定位所需数据。同时,COSMIC数据库还提供了可视化工具，如突变热图、基因变异频率分布等，使用户可以更加直观地了解数据分布和变异情况。

下面是一个使用 COSMIC 数据库网页查询的实例，以查询肺癌中 EGFR 基因的突变信息为例：

①打开 COSMIC 官网，选择“Explore data”选项卡，在下拉菜单中选择“Genes”。

②在搜索框中输入“EGFR”，并点击“Search”按钮，系统会返回包含 EGFR 基因的突变数据。

③在筛选条件中选择“Cancer type”为“Lung”“Mutation type”为“Missense”“Functional impact”为“Likely pathogenic”，即可过滤出符合要求的数据。

④在筛选结果中点击任意一条记录，即可查看突变详细信息。

(2)数据下载

COSMIC 数据库还提供了数据下载的方式，用户可以通过下载数据库的数据文件来进行本地分析和处理。COSMIC 数据库提供了多种数据格式的文件下载，如 CSV、TXT、VCF 等，用户可以根据自己的需要选择相应的格式。同时，COSMIC 数据库还提供了不同版本的数据下载，用户可以根据需求选择最新或历史版本的数据文件。

下面是一个使用 COSMIC 数据库数据下载的实例，以下载肺癌中 EGFR 基因的突变信息为例：

①打开 COSMIC 官网，选择“Download”选项卡，在下拉菜单中选择“MutantExport”。

②在筛选条件中选择“Cancer type”为“Lung”“Gene symbol”为“EGFR”“Mutation type”为“Missense”“Functional impact”为“Likely pathogenic”，即可过滤出符合要求的数据。

③在筛选结果页面的右上角，选择“Download”选项，选择数据格式(如 CSV、TXT、VCF 等)并点击下载按钮。

④下载完成后，用户可以使用相应的软件打开文件进行分析和处理，例如使用 R 语言、Python 等进行数据挖掘和分析。

(3)API 调用

COSMIC 数据库还提供了 API 调用的方式，用户可以通过 API 获取 COS-

MIC 数据库的数据。API 是一种用于应用程序间通信的接口,它提供了标准的数据格式和协议,使得不同的应用程序可以相互访问和共享数据。通过 API 调用,用户可以在自己的程序中集成 COSMIC 数据库的数据,并进行数据处理和分析。

下面是一个使用 COSMIC 数据库 API 调用的实例,以获取肺癌中 EGFR 基因的突变信息为例:

①注册 COSMIC API 密钥并获取密钥。

②使用 Python 编写 API 调用程序,并在程序中添加 COSMIC API 密钥。

③在程序中设置筛选条件,如肺癌中 EGFR 基因的突变信息。

④运行程序并获取数据,可以将数据保存为 CSV 或 JSON 格式的文件,或者直接在程序中进行处理和分析。

示例 Python 代码如下:

```
import requests
import json
#设置 COSMIC API 密钥
api_key = 'YOUR_API_KEY_HERE'
#设置 API 调用参数
api_params = {'filter':'cancer_type = lung,gene_symbol = EGFR,mutation_type = missense, mutation_subtype = likely_pathogenic', 'export_format':'json'}
#发起 API 调用并获取数据
response = requests.get(api_url,params = api_params, headers = {'Authorization':api_key})
data = response.json()
#将数据保存为 JSON 格式的文件
with open('egfr_mutations.json', 'w') as outfile:
json.dump(data, outfile)
```

通过上述代码,我们可以方便地获取 COSMIC 数据库中肺癌中 EGFR 基因的突变信息,并将其保存为 JSON 格式的文件,以便进行进一步的处理和分析。

综上所述,COSMIC 数据库提供了多种不同的访问方式,包括网页查询、数据下载以及 API 调用等形式,使得用户可以根据自己的需求和技术水平选择相应的访问方式。通过这些访问方式,用户可以轻松地获取 COSMIC 数据库中的肿瘤突变数据，并进行进一步的处理和分析，以便更好地研究肿瘤的发生机制和治疗方法。

6.1.4 COSMIC 数据库数据 ID 编码的形式

COSMIC 数据库中的每条记录都有一个唯一的标识符，称为 COSMIC ID。COSMIC ID 是一个由数字和字母组成的编码，用于标识 COSMIC 数据库中的不同实体，如基因、突变、样本等。COSMIC ID 编码形式规范且易于理解，能够方便地进行数据访问和处理。

(1)基因编码

COSMIC 数据库中的基因都有一个唯一的标识符，称为 Gene ID。Gene ID 是一个由“G”和一串数字组成的编码，例如“G1234”表示基因 ID 为 1234 的基因。

(2)突变编码

COSMIC 数据库中的突变都有一个唯一的标识符，称为 Mutation ID。Mutation ID 是一个由“M”和一串数字组成的编码，例如“M12345”表示突变 ID 为 12345 的突变。

(3)样本编码

COSMIC 数据库中的样本都有一个唯一的标识符，称为 Sample ID。Sample ID 是一个由“S”和一串数字组成的编码，例如“S1234”表示样本 ID 为 1234 的样本。

(4)COSMIC 全局编码

COSMIC 数据库中的每个实体都有一个唯一的全局标识符，称为 COSMIC ID。COSMIC ID 是一个由“COSM”、数字、字母和横线组成的编码，例如“COSM12345”表示全局 ID 为 12345 的实体。

除了以上编码形式外，COSMIC 数据库还提供了其他编码形式，如 CDS ID、Protein ID 等。CDS ID 用于表示基因的编码序列，由“CDS”和一串数字组成；Protein ID 用于表示基因对应的蛋白质序列，由“NP”和一串数字组成。COSMIC ID 编码形式的规范易于理解，能够方便地进行数据访问和处理。用户可以根据

COSMIC ID 快速定位到 COSMIC 数据库中的不同实体,并进行相关数据的查询和分析。同时,COSMIC ID 的编码形式也为 COSMIC 数据库的数据管理和维护提供了便利,使得数据管理人员能够轻松地对 COSMIC 数据库中的数据进行整合和处理。

6.2 dbSNP

dbSNP 数据库是一种维护人类单核苷酸多态性(SNP)信息的公共数据库,由美国国家生物技术信息中心(NCBI)维护。SNP 是人类基因组中最常见的多态性变异类型,对人类健康和疾病研究具有重要意义。dbSNP 数据库包含了全球多个种群中数千万个已知的 SNP,旨在为研究人员和医疗工作者提供基因组学数据的全面资源。

dbSNP 数据库最早于 1998 年由 NCBI 推出,当时只包含了 5000 个 SNP。随着 DNA 测序技术的发展和 SNP 的发现速度的加快,dbSNP 数据库的规模迅速扩大。到 2002 年,dbSNP 数据库中已经收集了 100 万个 SNP;到 2008 年,dbSNP 数据库中收集的 SNP 数量超过了 1 亿;到 2019 年,dbSNP 数据库中已经收集了超过 9000 万个 SNP。目前,dbSNP 数据库的数据量和质量都是公认的最高水平,成为全球最大的人类 SNP 数据库之一。dbSNP 数据库包含了 SNP 的多个版本信息,每个版本之间的差异可以通过比较不同版本之间的数据进行分析。目前,dbSNP 数据库的最新版本为 dbSNP Build 154。dbSNP 数据库的数据结构非常复杂,包括 SNP、多态性、序列变异等各种类型的数据。

dbSNP 数据库的数据有多个来源,包括科学研究机构、生物医学公司和个人基因组学项目等。目前,dbSNP 数据库中的数据来自全球各地的多个种群,其中包括欧洲人、非洲人、亚洲人、拉丁美洲人、南极洲人和大洋洲人等。每个 SNP 都经过了多个独立实验室的验证,确保了数据的准确性和可靠性。dbSNP 数据库还提供了一些工具,如 BLAST(基本局部比对搜索工具)和 Flanking Sequence Retrieval Tool,可以帮助用户查找和分析 SNP 数据。

dbSNP 数据库的数据是不断更新和维护的。每年,NCBI 都会发布一个新的 dbSNP 版本,包含新的 SNP 数据和现有 SNP 数据的更新。同时,NCBI 还会对现有的 SNP 数据进行精细的注释,如功能注释、疾病关联注释、基因组位置注释等,使用户能够更好地理解和利用这些数据。

用户可以通过多种方式访问和获取 dbSNP 数据库中的数据。最常见的方式是通过 NCBI 的 Entrez 系统，直接搜索 dbSNP 数据库并获取数据。用户还可以使用其他在线工具和软件，如 UCSC Genome Browser 和 Ensembl Genome Browser 等，以不同的方式查看和分析 dbSNP 数据库中的数据。此外，NCBI 还提供了一些 API（应用程序接口），可以让用户以编程方式访问和获取 dbSNP 数据库中的数据，以满足更高级别的需求。

dbSNP 数据库中的 SNP 数据对于基因组学研究和医学应用都具有重要意义。它们可以用于以下方面：SNP 在人类健康和疾病研究中扮演着重要的角色。通过研究 SNP 与疾病之间的关系，可以帮助研究人员了解疾病的遗传基础、预测疾病的风险和开发针对特定基因突变的治疗方法。SNP 是人类演化研究的一个重要工具。通过研究不同种群中 SNP 的分布和频率，可以帮助研究人员了解人类进化的历史、不同人种之间的关系和人种间的遗传多样性。

SNP 也可以用于 DNA 鉴定。通过检测个体的 SNP 数据，可以确定个体的身份，确定亲缘关系和人群来源等信息。

dbSNP 数据库是一个全球最大的 SNP 数据库，包含了全球各地多个种群中的 SNP 数据。该数据库的建立和发展，为基因组学研究和医学应用提供了重要的资源。dbSNP 数据库的数据来源广泛、数据质量高、数据注释详尽，提供了多种访问和获取方式，可以满足各种需求和应用场景。

与其他基因组数据库相比，dbSNP 数据库的特点在于其 SNP 数据的全面性和可靠性。由于 SNP 是人类基因组中最常见的变异形式，它们在人类健康和疾病研究中扮演着重要的角色。通过研究 SNP 与疾病之间的关系，可以帮助研究人员了解疾病的遗传基础、预测疾病的风险和开发针对特定基因突变的治疗方法。此外，SNP 也可以用于人类演化研究和 DNA 鉴定。通过研究不同种群中 SNP 的分布和频率，可以帮助研究人员了解人类进化的历史、不同人种之间的关系和人种间的遗传多样性。通过检测个体的 SNP 数据，可以确定个体的身份、确定亲缘关系和人群来源等信息。

dbSNP 数据库的数据更新也是该数据库的一个重要特点。每年，NCBI 都会发布一个新的 dbSNP 版本，包含新的 SNP 数据和现有 SNP 数据的更新。同时，NCBI 还会对现有的 SNP 数据进行精细的注释，如功能注释、疾病关联注释、基因组位置注释等，使用户能够更好地理解和利用这些数据。除了通过 NCBI 的 Entrez 系统和其他在线工具和软件，用户还可以通过 API（应用程序接口）以编程方式访问和获取 dbSNP 数据库中的数据，以满足更高级别的需求。dbSNP 数据库的数据访问方式多样，使其成为基因组学研究和医学应用的重要资源。

总之,dbSNP 数据库为 SNP 数据的收集、注释和分享提供了重要平台,它是基因组学研究和医学应用的重要资源,也是人类基因组研究的重要组成部分。它的建立和发展,促进了人类基因组研究的进展,也为人类健康和疾病研究提供了重要支持。

6.2.1 dbSNP 数据库存储数据的类型

dbSNP 数据库中包含了各种类型的 SNP 信息,包括它们的位置、基因型频率、临床相关性和分子功能等方面。这里将详细介绍 dbSNP 数据库存储的数据类型。

(1)SNP 位置信息

SNP 位于基因组的不同位置,这些位置信息是 dbSNP 数据库存储的最基本的数据类型之一。SNP 的位置信息通常以染色体位置和基因组坐标的形式存储。在 dbSNP 数据库中,每个 SNP 都有一个唯一的标识符,称为 rs 号码。rs 号码可用于检索 SNP 的位置信息。此外,dbSNP 数据库还存储了 SNP 的物理位置(以 bp 为单位)和参考基因组序列的版本信息。

(2)SNP 基因型信息

SNP 的基因型是指其不同等位基因(allele)在个体中的频率和分布。基因型信息是 dbSNP 数据库存储的另一个重要数据类型。SNP 的基因型通常以单个字母表示不同的等位基因,例如 A 和 T。dbSNP 数据库中存储了大量的基因型数据,包括每个 SNP 在人类群体中的基因型频率、等位基因频率和杂合度等信息。

(3)SNP 临床相关性信息

SNP 在疾病和药物反应等方面的临床相关性是 dbSNP 数据库存储的另一个重要数据类型。许多 SNP 与人类疾病的发生和发展密切相关。因此,dbSNP 数据库存储了 SNP 与疾病、药物反应和其他临床特征之间的关联信息。这些信息通常来自研究文献和数据库的挖掘,包括疾病关联研究和基因组关联研究等。

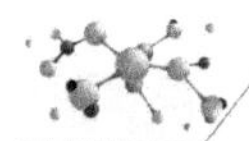

(4)SNP 分子功能信息

SNP 在分子水平上的功能是 dbSNP 数据库存储的另一个重要数据类型。SNP 的功能可能涉及基因表达、蛋白质功能和信号转导等方面。因此，dbSNP 数据库存储了 SNP 与基因和蛋白质之间的关联信息，以及 SNP 对转录因子结合和 miRNA 调节等分子机制的影响等信息。

(5)SNP 注释信息

SNP 注释信息是 dbSNP 数据库存储的另一个重要数据类型。注释信息通常包括 SNP 的基因和转录本的注释，如基因名称、转录本号、外显子和内含子号等。此外，SNP 的功能注释和变异效果预测也是 dbSNP 数据库存储的注释信息之一。这些注释信息可以帮助研究人员更好地理解 SNP 的生物学意义和功能，并为后续的研究提供重要的参考依据。

(6)SNP 来源信息

SNP 的来源信息是 dbSNP 数据库存储的另一个重要数据类型。SNP 可以通过多种方式获取，包括人类基因组计划、1000 基因组计划、HapMap 计划和其他人类遗传学研究等。dbSNP 数据库存储了 SNP 的来源信息，包括其发现方式、检测方法、样本来源和人群分布等信息。

(7)SNP 质量信息

SNP 质量信息是 dbSNP 数据库存储的另一个重要数据类型。SNP 数据的质量是保证研究准确性和可重复性的重要因素之一。因此，dbSNP 数据库存储了 SNP 数据的质量信息，包括 SNP 检测方法的精度、可靠性和重复性等指标。此外，dbSNP 数据库还提供了 SNP 数据的质量过滤器，以帮助研究人员选择高质量的 SNP 数据。

总之，dbSNP 数据库存储了多种类型的 SNP 数据，包括 SNP 的位置、基因型、临床相关性、分子功能、注释、来源和质量等信息。这些数据为研究人员提供了宝贵的资源和参考依据，帮助他们更好地理解 SNP 的生物学意义和功能，从而为人类遗传学和疾病研究等领域的进展做出贡献。

6.2.2 dbSNP 数据库存储数据的格式

dbSNP 数据库中,存储了大量的 SNP 信息,其文件格式和实例如下。dbSNP 数据库采用的是文本文件格式,其中包含了一系列的 SNP 记录。每一条记录都包含了大量的信息,包括基因型数据、注释信息、位置信息等。具体的文件格式如下:

①基本信息行:以"#"开头的行为注释行,不包含 SNP 数据。

②RS ID 行:记录了 rs ID,每行一个,以"rs"开头,后面是一串数字。

③CHROM 行:记录了染色体号,每行一个,以"chr"开头,后面是一串数字。

④POS 行:记录了 SNP 的位置信息,每行一个,以基因组位置表示。

⑤REF 行:记录了 SNP 的参考序列,每行一个。

⑥ALT 行:记录了 SNP 的变异序列,每行一个。

⑦QUAL 行:记录了 SNP 的质量得分,每行一个。

⑧FILTER 行:记录了 SNP 的过滤信息,每行一个。

⑨INFO 行:记录了 SNP 的注释信息,每行一个。

下面是一个 dbSNP 数据库的文件格式示例:

```
#基本信息
#版本号:154
#发布日期:2021 -06 -07
RS ID 行
rs123456
CHROM 行
chr1
POS 行
123456
REF 行
A
ALT 行
G
QUAL 行
50
```

```
    FILTER 行
    PASS
    INFO 行
    ALLELE = A, G; GENE = BRCA1; GENE _ ID = 672; GENE _ SYMBOL =
BRCA1;...(注释信息)
```

这是一个包含了一个 SNP 记录的文件,它记录了一个位于染色体 1 上、位置为 123456 的 SNP,参考序列为 A,变异序列为 G,质量得分为 50,没有被过滤掉,包含了 BRCA1 基因的注释信息。

总之,dbSNP 数据库的文件格式具有清晰明了的特点,能够让研究者方便地进行数据处理和分析。对于研究人员而言,了解数据库的文件格式和实例是非常重要的,因为这能够帮助他们更好地利用数据库中的信息进行研究,同时也能够提高数据处理的效率。

6.2.3 dbSNP 数据库数据的访问形式

探讨 dbSNP 数据库数据的访问形式以及通过一个实例来演示如何使用该数据库进行数据访问。

(1)网页界面

dbSNP 数据库提供了一个易于使用的网页界面,用户可以直接在其中进行数据访问。该网页界面的主要功能包括:

①搜索功能:用户可以根据 rs 号、染色体位置或关键字搜索 SNP 记录。

②统计信息:该数据库提供有关 SNP 的统计信息,例如基因频率、遗传关联性和生物信息。

③数据下载:用户可以下载 SNP 记录的详细信息,例如所有 SNP 的位置、突变类型、基因和变异的遗传标记等。

④可视化工具:该数据库提供了一些可视化工具,例如 SNP 分布图和基因组比较器。

(2)编程接口

dbSNP 数据库提供了一些编程接口,以便开发人员可以使用编程语言(如 Python 和 Perl)直接访问数据库。这些编程接口主要包括以下几种:

①E-utilities:该工具可以使用HTTP请求发送查询,返回XML格式的数据。

②NCBI Entrez:该工具可以使用HTTP请求访问NCBI数据库的各种信息,包括dbSNP。

③NCBI BLAST:该工具可以用于比对和查找与查询序列相似的SNP。

(3)本地数据库

用户也可以将dbSNP数据库下载到本地服务器中,并使用自己的软件进行访问和查询。该方法需要一些计算机编程知识和硬件要求。

假设我们想查找所有位于人类基因组的染色体1上的SNP记录。我们可以通过以下步骤使用dbSNP数据库进行数据访问。

①打开dbSNP数据库的网页界面。

②搜索栏中输入"chromosome 1"并点击"搜索"按钮。

③网页将显示所有位于人类基因组的染色体1上的SNP记录。我们可以按照位置、rs号、染色体区间和突变类型进行排序。

④我们可以点击每个SNP的链接来查看SNP的详细信息,例如基因频率、功能注释、遗传标记和文献引用等。

除了通过网页界面进行访问,我们还可以使用编程接口来访问dbSNP数据库。在Python中,我们可以使用Biopython模块中的Entrez工具来访问dbSNP数据库。以下是使用Python代码查询位于人类基因组的染色体1上的SNP记录的示例代码:

```
from Bio import Entrez
Entrez. email = "your_email@ address. com"
handle = Entrez. esearch( db ="snp", term ="chromosome 1")
record = Entrez. read( handle)
handle. close( )
id_list =record[ "IdList"]
for id in id_list:
handle = Entrez. efetch( db ="snp", id = id, rettype ="docsum", ret-
mode ="text")
record = handle. read( )
print( record)
```

这个代码片段将查询所有位于人类基因组的染色体1上的SNP记录，并输出每个SNP的详细信息。

此外，如果我们需要将dbSNP数据库下载到本地服务器进行访问，我们需要下载相应的dbSNP数据文件并将其导入数据库中。dbSNP提供了一个软件包，可以用于下载和导入dbSNP数据。此软件包可从NCBI网站上下载。一旦数据文件被导入数据库中，我们可以使用SQL查询语句进行访问和查询。

6.2.4 dbSNP数据库数据ID编码的形式

dbSNP中提供的ID来标识每个变异的唯一身份。这里将探讨dbSNP数据库中ID编码的形式。dbSNP ID是一个唯一的标识符，用于标识dbSNP数据库中的每个单核苷酸多态性(SNP)。ID由字母和数字组成，通常以“rs”为前缀，例如“rs123456”。这个前缀表示“参考序列(reference sequence)”。通常，SNP ID由8个字符组成，但也有更短或更长的ID。有时候，ID中还会包含字母或数字的组合，以便更好地描述SNP的属性。

在dbSNP数据库中，每个SNP都有一个唯一的ID。这个ID通常是在SNP发现之后分配的，并在dbSNP数据库中进行记录。因此，ID可以被用来标识SNP的历史信息，包括SNP的发现时间、位置、基因关联以及与疾病的关联等。此外，ID还可以用来识别SNP的遗传多态性，并在不同的研究中进行比较。dbSNP ID的编码形式取决于SNP的位置和基因组上的变异。当SNP的位置被确定后，ID将根据该位置的基因组上的变异进行编码。例如，如果SNP在某个基因上，ID将包括该基因的名称，以便更好地描述SNP的属性。如果SNP位于非编码区域，则ID将基于与该SNP相邻的引物或其他特定的序列。

在dbSNP数据库中，有许多类型的SNP ID可用。这些ID包括dbSNP的“ss”(SNP Submissions)ID，以及其他类型的ID，如“ClinVar Variation ID”和“PubMed ID”。这些不同的ID类型可以用来识别SNP的不同方面，例如SNP的遗传多态性、对健康的影响以及对特定疾病的关联等。

此外，dbSNP还提供了一些辅助工具，如“dbSNP Batch Query”和“dbSNP Batch Download”。这些工具可以使用户在dbSNP数据库中快速查找和下载SNP的信息，并通过SNP的ID进行快速匹配和比较。这些工具还可以用于SNP分析和数据挖掘等领域，以更好地理解SNP的。

6.3 1000 Genomes

1000 Genomes 数据库是一个全球范围内的人类基因组计划，旨在提供一个全面的人类基因组变异图谱，从而帮助我们更好地理解人类基因组的结构和功能。1000 Genomes 项目于 2008 年启动，旨在通过全球范围内的合作研究，绘制人类基因组的全面变异图谱。该项目的第一阶段在 2010 年完成，共涉及来自 13 个国家和地区的 1200 个个体。这些个体代表了来自不同族群和地区的人口，包括欧洲人、非洲人、东亚人、南亚人和美洲原住民等。

在第一阶段完成后，1000 Genomes 项目开始进入第二阶段，计划扩大样本规模，绘制更全面和详细的人类基因组变异图谱。第二阶段的样本规模扩大到了 2504 个个体，代表了来自 26 个人种和亚种的不同族群和地区。这些个体的基因组序列数据被用于构建人类基因组变异图谱，并且这个数据库被命名为“1000 Genomes 数据库”。

1000 Genomes 数据库是一个包含全球范围内人类基因组变异信息的公共数据库，其中包含了来自 2504 个个体的全基因组序列数据。这些数据已经被广泛应用于各种生物医学研究，包括基因组学、疾病研究和药物开发等领域。该数据库提供了大量的信息和工具，用于帮助研究人员更好地理解人类基因组的结构和功能。其中包括：

①SNP 和结构变异信息：1000 Genomes 数据库包含了来自全球范围内人类基因组的 SNP 和结构变异信息。这些信息可以用于研究基因组中的变异模式、遗传多态性以及对健康和疾病的影响等方面。

②个体和族群信息：该数据库提供了来自不同人种和地区的 2504 个个体的基因组序列数据。这些数据可以用于比较不同人种和地区的基因组变异情况，并且可以用于确定人类基因组中的遗传多样性。

③生物信息学工具：1000 Genomes 数据库还提供了许多生物信息学工具，用于帮助研究人员分析和解释基因组数据。这些工具包括对变异位点的注释、比较不同人种和亚种的基因组变异、进行遗传多态性分析等。

④数据库更新：1000 Genomes 数据库持续更新，不断添加新的样本和数据，使数据库变得更加全面和详细。这些更新有助于研究人员更好地理解人类基因组变异的演化和分布模式。

1000 Genomes 数据库的数据已经被广泛应用于各种生物医学研究领域，

例如：

①疾病研究:1000 Genomes 数据库的变异信息可以用于疾病的基因组关联研究,从而帮助研究人员识别与疾病相关的遗传因素。

②药物研发:通过研究人类基因组变异信息,可以更好地理解药物在不同人群中的作用和效果。这些信息可以用于开发更加个性化的药物治疗方案。

③人类进化研究:1000 Genomes 数据库提供了来自不同人种和地区的基因组序列数据,可以用于研究人类进化的历史和演化过程。

④人种和亚种比较研究:通过比较不同人种和亚种的基因组变异情况,可以更好地理解人类基因组的遗传多样性和进化历史。

1000 Genomes 数据库是一个全球范围内的人类基因组计划,旨在提供一个全面的人类基因组变异图谱。该数据库包含来自 2504 个个体的全基因组序列数据,提供了大量的信息和工具,用于帮助研究人员更好地理解人类基因组的结构和功能。1000 Genomes 数据库的数据已经被广泛应用于各种生物医学研究领域,包括基因组学、疾病研究、药物研发、人类进化研究等。

6.3.1 1000 Genomes 数据库存储数据的类型

1000 Genomes 数据库数据涵盖了整个人类基因组的不同区域和变异类型,具有广泛的研究价值。为了更好地管理、共享和利用这些数据,1000 Genomes 数据库采用了多种数据类型来存储和组织数据。

(1)原始测序数据(Raw sequencing data)

原始测序数据是指通过高通量测序技术得到的基因组序列数据。在 1000 Genomes 数据库中,原始测序数据以 BAM 格式存储,包含了来自千人样本的所有基因组序列信息。这些数据可以用于研究人员进行各种基因组分析和变异检测,如基因型分析、单核苷酸多态性(SNP)检测、插入/缺失(Indel)检测等。

(2)变异位点数据(Variant data)

变异位点数据是指基因组中存在变异的位点信息。在 1000 Genomes 数据库中,变异位点数据以 VCF(Variant Call Format)格式存储,包含了来自千人样本的所有变异位点信息。这些数据可以用于研究人员进行基因型和变异分析,如疾病关联性分析、群体遗传学研究、基因组进化研究等。

（3）**注释数据**（Annotation data）

注释数据是指对变异位点进行功能和结构注释的信息。在1000 Genomes数据库中，注释数据以BED（Browser Extensible Data）和GFF（General Feature Format）格式存储，包含了来自千人样本的所有变异位点的注释信息。这些数据可以用于研究人员进行基因组功能分析，如基因区域定位、基因功能预测、功能通路分析等。

（4）**基因型数据**（Genotype data）

基因型数据是指基因组中每个位点的基因型信息。在1000 Genomes数据库中，基因型数据以VCF格式存储，包含了来自千人样本的所有基因型信息。这些数据可以用于研究人员进行基因型分析，如个体基因型鉴定、基因型频率计算、基因型贡献分析等。

（5）**样本数据**（Sample data）

样本数据是指基因组样本的基本信息和元数据。在1000 Genomes数据库中，样本数据以XML（Extensible Markup Language）和JSON（JavaScript Object Notation）格式存储，包含了来自千人样本的基本信息、采集地点、文献引用等信息。

（6）**互连数据**（Linkage data）

互连数据是指将1000 Genomes数据库中不同数据类型之间的关系链接起来的信息。在1000 Genomes数据库中，互连数据以XML格式存储，包含了不同数据类型之间的链接信息，如变异位点和注释数据的链接、基因型和变异位点数据的链接等。这些数据可以用于研究人员进行数据整合和综合分析。

（7）**质量控制数据**（Quality control data）

质量控制数据是指对原始测序数据和变异位点数据进行质量控制的信息。在1000 Genomes数据库中，质量控制数据以QC格式存储，包含了对原始测序数据和变异位点数据进行质量控制的流程、标准和结果。这些数据可以用于研究人员进行数据质量评估和筛选。

以上数据类型的组合和使用，可以帮助研究人员更好地理解人类基因组的多样性和复杂性，并为基因组医学、生命科学和人类学等领域的研究提供重要的数据资源和分析工具。

6.3.2 1000 Genomes 数据库存储数据的格式

该数据库包含来自不同人群和地区的2504个个体的全基因组序列数据，为研究人员提供了大量的信息和工具，用于理解人类基因组的结构和功能。

在1000 Genomes数据库中，数据被存储为二进制文件格式，以提高数据访问速度和处理效率。这种格式可以被称为"1000 Genomes Binary Alignment Map"(1000G BAM)格式。该格式基于SAM(Sequence Alignment Map)格式，是一种用于存储和传输DNA序列比对信息的标准格式。1000G BAM格式通过增加一些特定的字段和数据结构来适应1000 Genomes数据库的数据。

1000G BAM文件中包含了多个对齐的DNA序列，每个对齐的DNA序列对应一个样本的基因组序列。每个DNA序列都由一系列基因组坐标和相应的碱基组成。每个基因组坐标都对应人类基因组参考序列(GRCh37)中的一个位置。每个碱基都被编码为一个整数，例如，A被编码为0，C被编码为1，G被编码为2，T被编码为3。此外，1000G BAM文件还包含一些附加信息，例如对变异位点的注释、质量控制信息、样本信息等。

在1000 Genomes数据库中，数据存储的主要形式是基因组变异位点的描述。这些变异位点可以是单核苷酸多态性、插入/缺失或结构变异(SV)。每个变异位点都有一组坐标，表示在参考基因组序列中的位置。此外，每个变异位点还具有一些其他的信息，例如变异类型、基因型频率、功能注释等。所有这些信息都被存储在1000G BAM文件中，以便于后续的数据分析和解释。

除了1000G BAM格式外，1000 Genomes数据库还提供了其他一些数据格式，例如VCF(Variant Call Format)格式、BED(Browser Extensible Data)格式等。这些格式都是为了方便不同研究人员使用不同的软件和工具来处理和分析1000 Genomes数据库的数据。同时，这些格式也提供了不同的视角和级别来理解基因组数据，例如，VCF格式可以用于描述每个变异位点的详细信息，而BED格式可以用于描述基因组区域的位置和注释信息。

总的来说，1000 Genomes数据库使用二进制文件格式(1000G BAM)来存储基因组序列数据，并采用其他格式(如VCF和BED)来存储变异位点的信息。这种多格式存储的方式可以方便不同研究人员和软件来访问和分析数据，从而推动人类基因组的研究和进一步的应用。

1000G BAM文件中的数据存储方式为研究人员提供了灵活性和可扩展性。

例如,研究人员可以选择只关注一个特定的基因组区域,而不必处理整个基因组的序列。这种数据分割的方式可以减少数据的处理时间和存储空间,提高数据的效率和可用性。此外,1000G BAM 文件还可以使用一些高级技术来进行数据压缩和加速访问,如压缩索引技术(如 CRAM)和多线程技术(如 Graphtyper)等。

1000 Genomes 数据库的数据格式还提供了一些元数据,如样本信息、实验条件、文献引用等。这些元数据可以帮助研究人员更好地理解和使用数据,同时也方便数据的共享和交流。除了数据格式外,1000 Genomes 数据库还提供了一些数据处理和分析工具,如 Platinum Genome、GATK、Variant Effect Predictor (VEP)等。这些工具可以帮助研究人员对 1000 Genomes 数据库中的数据进行处理、注释、过滤和分析,从而得出更有意义的结论。

总的来说,1000 Genomes 数据库采用了多种数据格式和元数据来存储和共享基因组数据,这为人类基因组研究提供了重要的资源和工具。在未来,随着技术的发展和数据量的增加,1000 Genomes 数据库将不断完善和更新,为人类基因组的研究和应用做出更大的贡献。

6.3.3 1000 Genomes 数据库数据的访问形式

1000 Genomes 数据库提供多种数据访问形式,包括网页查询、FTP 下载、API 和 BioMart 数据访问工具,并提供了一个交互式数据探索网站,用户可以查看和搜索 1000 Genomes 数据库中研究者提供的基因组数据。

(1)通过网页查询

用户可以查看 1000 Genomes 数据库中的基因组变异情况,例如查看某个疾病关联的单碱基变异,也可以查看某个特定基因的多态性变异,如查看糖尿病相关基因的多态性变异。

(2)通过 FTP 下载

用户可以从 1000 Genomes 数据库中下载多种类型的数据,包括个体基因组变异、组装、表型数据和其他信息。例如,用户可以下载 1000 Genomes 数据库中的个体基因组变异数据,比如某种疾病的 GWAS 样本的基因组变异。

(3)API 访问

API 访问是用于访问 1000 Genomes 数据库的应用程序编程接口，用户可以使用 RESTful API 调用数据库中的数据，以便更好地查询和使用。例如，用户可以使用 API 查询 1000 Genomes 数据库中的某个特定变异的遗传变异信息，如 rs185700。

(4)BioMart 是一个交互式的数据查询和导出工具

用户可以使用它查询 1000 Genomes 数据库中的基因组变异数据，例如查询某个特定基因的多态性变异。用户可以使用 BioMart 工具搜索 1000 Genomes 数据库中特定的变异，以及查看基因组变异的统计信息，例如变异检测的频率、变异类型等。

6.3.4 1000 Genomes 数据库数据 ID 编码的形式

1000 Genomes 数据库使用特定的数据 ID 编码来标识每个个体的基因组数据。1000 Genomes 数据库的数据 ID 编码由三个部分组成，分别是：人群、个体和样本类型。人群是指该个体的种族或地域，例如，一个来自英国的欧洲人的人群为“EU”。个体是指该个体的唯一 ID，个体 ID 是一个 5 位数字，每个个体的 ID 都是唯一的，例如，一个来自英国的欧洲人的个体 ID 为“00123”。样本类型是指收集该个体数据的样本类型，例如，一个来自英国的欧洲人的样本类型为“G”，表示它是一个全基因组样本。因此，一个来自英国的欧洲人的 1000 Genomes 数据库的数据 ID 编码为“EU00123G”。该编码可以用来标识该个体的基因组数据，例如基因组序列或其他基因组特征。

1000 Genomes 数据库的数据 ID 编码系统允许研究人员快速、准确地标识和访问特定个体的基因组数据。此外，该系统也为研究人员提供了一种有效的方法来搜索和分析特定人群、个体或样本类型的基因组数据。1000 Genomes 数据库的数据 ID 编码系统对于研究人类基因组多样性和疾病相关遗传学是至关重要的。

第七章　高通量组学数据资源数据库

高通量组学是一种非常强大的生物学研究手段，它可以定量描述和分析大量的遗传和表观遗传标记，以及细胞中的各种分子组成物的表达和功能，从而揭示基因组、转录组、蛋白质组等生物学过程之间的复杂关系。由于高通量组学研究所收集的大量原始数据，对于系统研究疾病及其机制的细胞和分子基础而言，是不可或缺的。

为了有效地利用高通量组学数据，研究者们可以通过多种方式获取和分析数据，但不可避免的是，要想获得有效的结果，必须使用足够的数据。为此，特别是近年来，高通量组学数据资源数据库的建立对研究者而言是至关重要的。可以从高通量组学数据资源数据库中获取到大量公开可用的高通量组学数据，目前已经有许多资源数据库，比如全基因组测序（Genome-Wide Sequencing）资源数据库，如 NCBI SRA，ENA，dbGap，TCGA，ArrayExpress，Gene Expression Omnibus（GEO）和 Transcriptome Shotgun Assembly（TSA）等；细胞测序（Cellular Sequencing）资源数据库，如 Single Cell Genomics（SCG）；染色质测序（Chromosomal Sequencing）资源数据库，如 Roadmap Epigenomics（RE）等。

其中最著名的资源数据库是 GEO 和 TCGA，它们分别代表了全基因组测序资源和染色质测序资源。GEO（Gene Expression Omnibus）是一个由 NCBI 收集、存储和分发基因表达数据的数据库，它聚集了不同来源的实验数据，包括全基因组测序、转录组测序、蛋白组测序、RNA 组学测序等。另一个著名的数据库是 TCGA（The Cancer Genome Atlas），它是一个由美国国家癌症研究所和美国国立卫生研究院共同管理的癌症基因组学数据库，目的是收集、存储和提供临床样本上的癌症基因组学数据，以改进癌症的诊断、治疗和预防。

值得一提的是，除了 GEO 和 TCGA 这两个最著名的资源数据库外，还有许多其他的高通量组学数据资源数据库，比如专门针对新冠病毒的 NCBI SARS-CoV-2 数据库，以及专门收集元谋病毒组学数据的 NCBI Metavirome 数据库等。

总之，现有的高通量组学数据资源数据库包括 GEO、TCGA 等数据库，它们为研究者们获取有效的高通量组学数据提供了有力的支持，为深入解析基因组、转录组和蛋白质组等复杂生物学过程提供了基础性的数据支撑。

7.1 GEO

GEO 数据库是由美国 NIH NCBI 创建和管理的，旨在收集、存储和共享生物实验数据，包括 DNA 微阵列、RNA 测序和质谱数据等。最初，GEO 数据库主要用于收集 DNA 微阵列实验数据，旨在解决不同实验室之间数据格式不兼容的问题，为数据共享和再利用提供支持。随着基因芯片技术的发展和 RNA 测序技术的广泛应用，GEO 数据库逐渐扩大了数据类型的覆盖范围，增加了对多种实验类型的支持，如小 RNA、基因组序列和质谱数据等。

在过去的 20 多年中，GEO 数据库不断发展壮大，不断增加新的数据集和功能，逐渐成为全球最大的基因表达谱数据库之一。截至 2021 年，GEO 数据库收录了超过 380000 个数据集，其中包括了超过 2 亿个基因表达谱数据，覆盖了超过 100 多种生物物种。此外，GEO 数据库还提供了一系列数据分析和挖掘工具，如数据可视化、比较分析和差异表达分析等。

GEO 数据库的应用范围非常广泛，GEO 数据库包含了大量的基因表达数据，可以用于研究基因的表达模式和调控机制。通过比较不同组织、不同条件下的基因表达谱，可以鉴定差异表达基因，并且探究其功能和代谢途径等。此外，GEO 数据库还可以进行基因共表达网络分析、基因富集分析等，进一步解析基因的功能和互作关系。GEO 数据库中包含了许多疾病样本的基因表达数据，可以用于疾病的诊断和治疗。通过比较病人和正常对照组的基因表达谱，可以鉴定与疾病相关的差异表达基因，并且进一步探究其功能和作用机制。此外，GEO 数据库还可以用于药物靶标筛选和药物研发，以及个性化医学研究。GEO 数据库中包含了许多物种的基因表达数据，可以用于研究生物进化和物种间的关系。通过比较不同物种的基因表达谱，可以揭示不同物种之间基因的进化过程和功能的变化。此外，GEO 数据库还可以用于构建物种间的基因共表达网络，进一步探究物种间的关系和进化历程。GEO 数据库中包含了大量的细胞系和组织样本的基因表达数据，可以用于研究组织工程和再生医学。通过比较不同组织和细胞系的基因表达谱，可以鉴定与组织发生和再生相关的差异表达基因，并且探究其调控机制和作用方式。此外，GEO 数据库还可以用于药物筛选和生物标志物的鉴定,以及新药研发和临床试验的支持。

GEO 数据库在生物医学研究和数据共享方面具有重要的意义和价值,GEO 数据库提供了一个公开的平台,可以将不同实验室、不同地区和不同领域的数据进行集成和共享。通过共享数据,可以避免重复实验和资源浪费,同时可以促进研究的进展和交流。此外,GEO 数据库还支持数据再利用,允许用户对已有的数据进行重新分析和挖掘,以得到新的发现和结论。GEO 数据库采用统一的数据格式和标准化的元数据,以确保数据的质量和可靠性。此外,GEO 数据库还提供了一系列数据质量控制工具和分析流程,以帮助用户评估和处理数据的质量问题,以及消除实验差异和干扰因素的影响。GEO 数据库提供了一系列数据挖掘和分析工具,可以帮助用户对数据进行可视化、比较和分析。通过这些工具,用户可以快速准确地鉴定差异表达基因、构建基因共表达网络、寻找功能相关的基因等,以进一步深入探究生物学问题和疾病机制。GEO 数据库涵盖了多种生物学、医学和工程学科的研究领域,可以促进不同学科领域之间的交流和合作。通过 GEO 数据库,研究人员可以共享数据和资源,加快科学研究的进展和创新,从而推动生物医学领域的发展和进步。

GEO 数据库是生物医学研究领域中最重要的基因表达数据库之一,与其他数据库有着紧密的联系和合作。以下是 GEO 数据库与其他数据库的主要联系和合作方式:GEO 数据库是 NCBI 数据库体系中的一部分,与其他 NCBI 数据库如 GenBank、PubMed 等有着密切的联系和协同作用。NCBI 数据库提供了一系列的工具和服务,用于管理、查询和分析基因序列和表达数据。通过 NCBI 数据库,用户可以方便地查找和下载与 GEO 数据库相关的数据和文献。ArrayExpress 数据库是欧洲生物信息研究所(EBI)开发的基因表达数据库,与 GEO 数据库有着相似的功能和内容。这两个数据库经常进行数据共享和交流,以便更好地服务生物医学研究社区。此外,ArrayExpress 数据库还提供了一系列基因表达分析工具和生物信息学资源,可以为 GEO 数据库用户提供更多的支持和帮助。TCGA 数据库是癌症基因组图谱计划(The Cancer Genome Atlas)的核心数据库,涵盖了多种癌症类型的基因表达和突变数据。GEO 数据库和 TCGA 数据库经常进行数据整合和联合分析,以深入探究癌症的发生和发展机制,并发现潜在的治疗靶点和生物标志物。

总之,GEO 数据库是生物医学研究领域中最重要的基因表达数据库之一,已经成为全球生物医学研究社区中不可或缺的资源和工具。通过 GEO 数据库,研究人员可以快速准确地获取、分析和挖掘基因表达数据,从而加深对生物学和疾病机制的理解，推动生物医学研究的进展和创新。

7.1.1 GEO 数据库存储数据的类型

GEO 数据库所涵盖的数据类型非常广泛，可以细分为以下几个方面：

（1）基因表达数据

基因表达数据是 GEO 数据库中最为常见和重要的数据类型之一，主要通过基因芯片技术和 RNA 测序技术获得。这些数据反映了细胞或组织中基因的表达水平，可以帮助研究人员了解不同生物状态下基因表达的变化情况。基因表达数据可以被用于寻找新的生物标记物、生物通路和药物靶点等应用。

（2）染色体结构数据

染色体结构数据是 GEO 数据库中另一个重要的数据类型，主要反映了染色体的结构和组成。这些数据可以通过染色体捕获、荧光原位杂交等技术获得，可以为研究人员提供关于染色体异常、发育和疾病相关的信息。

（3）蛋白质结构数据

蛋白质结构数据是 GEO 数据库中的另一类重要数据，主要反映了蛋白质的三维结构和功能。这些数据可以通过 X 射线晶体学、核磁共振、电子显微镜等技术获得，可以为研究人员提供关于蛋白质的空间结构、分子交互和功能机制等方面的信息。

（4）生物活性数据

生物活性数据是 GEO 数据库中另一个重要的数据类型，主要反映了分子和细胞水平的生物活性。这些数据可以通过高通量药物筛选、细胞功能测试等技术获得，可以帮助研究人员了解分子和细胞的功能、反应和相互作用。

（5）组织形态数据

组织形态数据是 GEO 数据库中的另一个重要的数据类型，主要反映了组织和器官水平的形态结构和组成。这些数据可以通过组织切片、光学显微镜、电子显微镜等技术获得，可以为研究人员提供关于组织发育、组织结构和组织病理学等方面的信息。组织形态数据可以被用于诊断、治疗和研究各种组织和器官相关的疾病。

除了以上五类数据类型外,GEO 数据库还包括其他一些类型的数据,如基因突变数据、表观遗传学数据、代谢组学数据、微生物组数据等。这些数据类型可以为研究人员提供更全面和深入的生物学信息,有助于深入理解生命系统的复杂性和多样性。

需要注意的是,虽然 GEO 数据库中包含了各种不同类型的数据,但所有数据都是从生物学实验中获得的原始数据,并经过了一系列的处理和标准化。这些处理包括数据预处理、质量控制、标准化、注释等步骤,旨在确保数据的质量和可靠性。因此,GEO 数据库中的数据类型不仅具有广泛的应用价值,而且也为研究人员提供了高质量的数据资源,促进了生命科学领域的发展。

7.1.2 GEO 数据库存储数据的类型

在 GEO 数据库中,数据的类型非常多样化,这些数据类型可以基于不同的实验类型、技术平台和样本来源进行分类。这里将介绍 GEO 数据库存储的数据类型,并解释每种类型的特点。

(1)基因表达数据

基因表达数据是 GEO 数据库中最重要的数据类型之一。它记录了不同组织、细胞和条件下的基因表达水平。在 GEO 中,基因表达数据通常以表格的形式存储,其中每一行代表一个基因,每一列代表一个样本。这些数据可以被用于寻找在不同组织或疾病状态下不同 ially 表达的基因,并且可以用于预测新的治疗靶点和药物。

(2)甲基化数据

甲基化是一种常见的表观遗传修饰形式,它可以影响基因的表达。GEO 数据库中存储了大量的甲基化数据,这些数据可以帮助研究人员理解基因表达和表观遗传调控之间的关系。在 GEO 中,甲基化数据通常以文本文件或 BED 格式存储,并且可以被用于鉴定甲基化位点和寻找与不同表观遗传状态相关的基因。

(3)转录因子结合数据

转录因子是一类能够结合到 DNA 序列上并调控基因表达的蛋白质。在

GEO数据库中，存储了许多转录因子结合数据，这些数据可以用于寻找与不同转录因子相关的调控网络，并预测转录因子的功能和调控机制。转录因子结合数据通常以BED格式存储，其中包含了每个结合位点的位置和相关的基因注释信息。

(4)蛋白质组数据

蛋白质组数据是指研究人员通过蛋白质质谱技术获得的蛋白质表达数据。在GEO数据库中，存储了许多蛋白质组数据集，这些数据可以帮助研究人员了解蛋白质相互作用网络和代谢通路的调控机制。蛋白质组数据通常以表格的形式存储，其中每一行代表一个蛋白质，每一列代表一个样本。这些数据可以被用于寻找在不同条件下不同ially表达的蛋白质，并预测蛋白质的功能和调控机制。

(5)miRNA数据

miRNA是一类小分子RNA分子，可以结合到mRNA分子上，从而调节基因表达。在GEO数据库中，存储了许多miRNA表达数据集，这些数据可以帮助研究人员了解miRNA在不同组织或疾病状态下的表达模式，以及miRNA与不同基因之间的相互作用关系。miRNA数据通常以表格的形式存储，其中每一行代表一个miRNA，每一列代表一个样本。

(6)基因组数据

基因组数据是指在整个基因组范围内测量基因表达和表观遗传修饰的数据。在GEO数据库中，存储了许多基因组数据集，这些数据可以帮助研究人员了解基因组在不同条件下的调控机制和表达模式。基因组数据通常以文本文件或BED格式存储，并包含基因组范围内的注释信息。

除了上述提到的数据类型，GEO数据库还存储了其他类型的基因表达和表观遗传数据，包括蛋白质-DNA结合数据、表观遗传修饰酶的结合数据等。这些数据可以帮助研究人员理解基因调控和表观遗传修饰的复杂性。

GEO数据库存储了大量的基因表达和表观遗传数据，这些数据可以被用于解决各种生物医学问题。在GEO中，数据的类型非常多样化，包括基因表达数据、甲基化数据、转录因子结合数据、蛋白质组数据、miRNA数据、基因组数据和其他类型的数据。每种数据类型都具有不同的特点和应用场景，研究人员可以根据自己的需求选择合适的数据类型，并通过GEO数据库快速获取相应的数据。

7.1.3 GEO 数据库数据的访问形式

GEO 数据库的数据可以通过不同的方式访问，这里将介绍 GEO 数据的访问形式及实例，并提供相关网址。

(1) GEO 网站

GEO 数据库的主要访问形式是通过其官方网站访问，该网站提供了一个用户友好的界面，方便用户检索和下载 GEO 数据。在 GEO 网站上，用户可以通过关键词、GEO ID、样本信息等方式来搜索数据，并通过数据摘要和样本摘要了解数据的相关信息。此外，网站还提供了工具和文档，帮助用户解析和使用 GEO 数据。

(2) NCBI SRA

GEO 数据也可以通过 NCBI Sequence Read Archive(SRA)访问，SRA 是 NCBI 的另一个数据库，用于存储高通量测序数据。在 SRA 中，用户可以找到与 GEO 相关的测序数据，例如 RNA-seq 和 ChIP-seq 数据。通过 SRA 访问 GEO 数据可以帮助用户更全面地了解基因表达和表观遗传修饰的机制。

(3) R 软件包

GEO 数据还可以通过 R 语言中的 GEOquery 软件包访问。GEOquery 软件包提供了一系列函数，方便用户从 GEO 数据库中下载和处理数据。用户可以使用这些函数获取 GEO 数据，并进行各种分析和可视化操作。此外，GEOquery 软件包还提供了一些示例代码，帮助用户了解如何使用该软件包。

例如，用户可以使用以下代码在 R 语言中下载 GEO 数据：

```
library(GEOquery)
gse <- getGEO("GSE00000")
```

(4) API 接口

GEO 数据库还提供了 API 接口，允许用户通过编程方式访问和下载数据。通过 API 接口，用户可以编写脚本自动下载和处理数据，从而加速数据处理流程。此外，GEO 数据库还提供了一些 API 文档和示例代码，帮助用户了解如何使用 API 接口。

以下是一些具体的 GEO 数据访问实例,展示了如何使用不同的访问方式来获取和处理 GEO 数据:

(1)通过 GEO 网站访问 GEO 数据

假设我们需要获取关于人类乳腺癌的基因表达数据。我们可以通过以下步骤在 GEO 网站上获取这些数据:

Step 1:打开 GEO 数据库主页。

Step 2:在搜索框中输入“human breast cancer gene expression”。

Step 3:选择“GEO DataSets”标签,以查看所有包含人类乳腺癌基因表达数据的数据集。

Step 4:选择一个数据集,如 GSE10797。

Step 5:查看数据集摘要和样本摘要,以了解该数据集的相关信息。

Step 6:下载数据,例如使用“Download family”按钮下载数据集中所有的原始和处理后的数据文件。

(2)通过 NCBI SRA 访问 GEO 数据

假设我们需要获取一些与人类肾脏癌症相关的 ChIP-seq 数据。我们可以通过以下步骤在 NCBI SRA 上获取这些数据:

Step 1:打开 NCBI SRA 数据库主页。

Step 2:在搜索框中输入“human renal cancer ChIP-seq”。

Step 3:选择一个与我们的研究相关的数据集,如 SRP067678。

Step 4:查看数据集摘要和样本摘要,以了解该数据集的相关信息。

Step 5:下载数据,例如使用 SRA Toolkit 中的 fastq-dump 命令下载数据文件。

(3)通过 R 软件包访问 GEO 数据

假设我们需要在 R 语言中获取一些人类乳腺癌的基因表达数据,并进行差异表达分析。我们可以通过以下代码在 R 中获取这些数据:

Step 1:安装 GEOquery 软件包(如果还没有安装)。

```
install.packages("GEOquery")
```

Step 2:加载 GEOquery 软件包。

```
library(GEOquery)
```

Step 3:使用 getGEO 函数获取 GSE45827 数据集中的原始数据。

gse <- getGEO("GSE45827", GSEMatrix = TRUE)

Step 4:使用 exprs 函数从 GEOquery 对象中提取基因表达矩阵。

exprs_data <- exprs(gse[[1]])

Step 5:进行差异表达分析等进一步分析。

(4)通过 API 接口访问 GEO 数据

假设我们需要通过 API 接口获取一些人类乳腺癌的表观遗传修饰数据,并进行可视化分析。我们可以通过以下代码获取这些数据:

Step 1:使用 API 请求获取 GSE45827 数据集中的表观遗传修饰数据。

Step 2:在 API 请求中添加参数"&targ = self&view = data"来获取原始数据。

Step 3:使用 R 或其他可视化工具将数据可视化,例如使用 ggplot2 软件包。

```
library(ggplot2)
data <- read.table("GSE45827_series_matrix.txt", skip = 70, header = TRUE, sep = "\t", row.names = 1, check.names = FALSE)
ggplot(data, aes(x = log2(Ctrl), y = log2(MBD2), color = Factor)) + geom_point()
```

上述代码将数据读取到一个 dataframe 中,然后使用 ggplot2 软件包创建了一个散点图来可视化数据。

综上所述,GEO 数据库提供了多种不同的访问方式,包括通过网站、NCBI SRA、R 软件包和 API 接口等。这些不同的访问方式适用于不同的研究需求和数据分析工具。研究人员可以根据自己的需求选择最适合自己的访问方式,并使用相应的工具来获取和处理 GEO 数据库中的数据。

7.1.4 GEO 数据库数据 ID 编码的形式

在 GEO 数据库中,每个实验都有一个唯一的 ID 编码,该编码用于标识和检索实验数据。这里将介绍 GEO 数据库中数据 ID 编码的形式和含义。

GEO 数据库中的数据 ID 编码由两部分组成,即 GSE 和 GPL。其中,GSE 代表 GEO series ID,是一个 GEO 系列的唯一标识符,用于标识同一实验中不同样本的基因表达数据。GPL 代表 GEO platform ID,是一种用于描述实验中使用的探针或芯片平台的编码。GSE 编码由 GSE 开头,后面跟着一个数字序列。例如,GSE1、GSE2 等。每个 GSE 编码代表了一个 GEO 系列,该系列包含了同一实验中不同样本的基因表达数据。每个 GSE 系列都包含有多个 GSM(GEO sample ID)编码,每个 GSM 编码代表一个实验样本。因此,GSE 编码可以看作是一个实验集合的唯一标识符。GPL 编码由 GPL 开头,后面跟着一个数字序列。例如,GPL1、GPL2 等。每个 GPL 编码代表了一个芯片平台或探针集合,该平台用于实验中的基因表达测量。每个 GPL 平台都包含有多个 GPL 条目,每个条目代表一个探针或芯片元素。因此,GPL 编码可以看作是一个探针或芯片平台的唯一标识符。

举例来说,GSE45827 是一个 GEO 系列编码,代表了一组人类胚胎干细胞的基因表达数据。该系列包含有 20 个样本,每个样本的 GSM 编码为 GSM1110457、GSM1110458 等。GPL570 是一个 GEO 平台编码,代表了 Affymetrix Human Genome U133 Plus 2.0 芯片平台,该平台用于实验中的基因表达测量。该平台包含有 54675 个探针元素,每个元素的 GPL 条目编码为 15219550_at、15219551_s_at 等。

GEO 数据库中的数据 ID 编码可以用于标识和检索实验数据。研究人员可以使用 GEO 数据库网站或其他工具来搜索和下载特定的实验数据。例如,使用 GEO 数据库网站可以通过 GSE 编码或 GPL 编码来搜索实验数据,并通过下载链接来获取原始数据或处理后的数据。此外,许多生物信息学软件和工具也支持 GEO 编码的使用,例如 R/Bioconductor 等工具包。

综上所述,GEO 数据库中的数据 ID 编码由 GSE 和 GPL 两部分组成,用于标识和检索实验数据。每个 GSE 编码代表一个 GEO 系列,该系列包含了同一实验中不同样本的基因表达数据。每个 GPL 编码代表一个芯片平台或探针集合,该平台用于实验中的基因表达测量。在研究人员使用 GEO 数据库时,了解和正确使用 GEO 数据 ID 编码非常重要。

此外,需要注意的是,GEO 数据库中的实验数据和元数据都是公开的,并且可以通过 GEO 数据库网站和其他相关工具进行访问和下载。但是,研究人员应该遵守数据使用和共享的伦理准则和法律法规,并在引用 GEO 数据库中的数据时注明数据来源和引用文献。在研究人员进行基因表达数据分析时,使用 GEO 数据 ID 编码可以快速、准确地定位和检索所需数据,并进行后续的数据处理和分析。例如,在 R/Bioconductor 中,可以使用 GEOquery 软件包来获取 GEO 数据库中的数据,并将其转换为常见的生物信息学数据格式,例如表达矩阵或注释文件。在基因表达数据分析中,GEO 数据库的数据 ID 编码还可以用于数据集成和元分析。研究人员可以使用多个 GEO 系列中的数据进行比较和分析,从而获得更全面和准确的生物学结论。例如,可以将不同 GEO 系列中的样本按照条件进行分类,然后将它们合并为一个表达矩阵,进行差异基因分析和生物通路分析。

GEO 数据库是一个重要的生物信息学资源,其中包含了大量的基因表达数据和相关的实验信息。GEO 数据库中的数据 ID 编码可以用于标识和检索实验数据,并在基因表达数据分析中进行数据集成和元分析。在使用 GEO 数据库时,研究人员应该了解和正确使用 GEO 数据 ID 编码,遵守数据使用和共享的伦理准则和法律法规,并在引用 GEO 数据库中的数据时注明数据来源和引用文献。

7.2 TCGA

TCGA(The Cancer Genome Atlas)数据库是由美国国立癌症研究所和国立卫生研究院合作建立的一个公共数据库,旨在为癌症研究提供全基因组层面的分子特征数据。该数据库于 2006 年启动,最初旨在对 30 种癌症类型的基因组进行细致的分析,后来扩展到了 38 种癌症类型。TCGA 数据库的建立对于癌症研究的发展和治疗具有重要意义。

2005 年,美国国立癌症研究所和国立卫生研究院共同发起了 TCGA 计划,并计划对 30 种癌症类型进行全基因组层面的分子特征分析。2006 年,TCGA 正式启动,并开始对乳腺癌、结直肠癌和卵巢癌等多种癌症类型进行分子特征分析。2008 年,TCGA 公布了第一个数据集,其中包含了多种癌症类型的基因组数据和临床信息。2011 年,TCGA 计划将研究范围扩展到 38 种癌症类型,并计划建立一个完整的癌症分子特征图谱。2013 年,TCGA 计划宣布完成了癌症分子特征图谱的建立,并公布了最终数据集,其中包含了超过 11000 个肿瘤样本的分子特征数据和临床信息。2015 年,TCGA 计划进入第二阶段,称为"TCGA Pan-Cancer Atlas"项目,旨在对 38 种癌症类型进行全面的分析和比较,以寻找共性和特异性。在 TCGA 数据库的发展历程中,也经历了一些重要的事件。其中最重要的事件之一是 2013 年的 TCGA 计划第二阶段,该阶段在原有的基础上,增加了多个癌症类型的数据收集和分析,涵盖了 12 个癌症类型。该阶段的完成对于肿瘤研究有着重要的意义,使得研究人员可以更加全面地了解不同癌症类型的生物学特征和治疗靶点。另一个重要事件是,2018 年,TCGA 和 ENCODE(Encyclopedia of DNA Elements)项目合作,对肿瘤和正常细胞的基因组、转录组、表观基因组学数据进行了比较分析。该合作项目的完成有助于深入了解肿瘤和正常细胞的生物学差异，进一步挖掘癌症发生和发展的机制。

TCGA 数据库中包含了超过 11000 个肿瘤样本的分子特征数据和临床信息。其中，分子特征数据包括基因组、转录组、蛋白质组、表观遗传组等多个方面的数据。临床信息包括病人的基本信息、诊断信息、治疗信息、生存信息等多个方面的数据。这些数据对于癌症研究、诊断和治疗具有重要的意义。

在 TCGA 数据库中，研究人员可以使用各种数据分析工具来处理和分析数据，以深入了解肿瘤分子特征和临床特征之间的关系。下面是一些常用的数据分析工具：

①GISTIC2.0：基因组不稳定性分析工具，用于检测染色体上的拷贝数变异和基因突变等事件。

②FireBrowse：基于云计算的数据分析平台，可以对 TCGA 数据库中的数据进行可视化和交互式分析。

③cBioPortal：一个公共数据库，用于存储和分析肿瘤基因组学数据，包括 TCGA 数据库中的数据。

④TCGA-Assembler：一个基于 R 语言的软件包，可以将 TCGA 数据库中的数据进行整合和归一化处理。

⑤UALCAN：一个在线工具，用于分析 TCGA 数据库中的转录组数据，可以进行基因表达分析、生存分析等。除了以上提到的工具，还有很多其他的数据分析工具可以用于处理和分析 TCGA 数据库中的数据。

TCGA 数据库是一个重要的公共数据库，为癌症研究提供了丰富的分子特征数据和临床信息。通过对这些数据的分析和研究，可以深入了解肿瘤的发生和发展机制，为癌症的早期诊断和治疗提供新的思路和方法。

7.2.1 TCGA 数据库存储数据的类型

TCGA 数据库中存储了大量的组学数据，涵盖了多个组学领域，包括基因组学、转录组学、表观基因组学、蛋白质组学和代谢组学等。这些数据可以用于研究肿瘤的发生和发展以及与临床特征的关系。下面将对 TCGA 数据库存储的各个组学数据类型及其样本数量进行介绍。

(1)基因组学数据

TCGA 数据库中存储了大量的基因组学数据，包括基因变异数据、基因拷贝数变异数据、染色体易位数据、SNP 数据等。这些数据可以用于研究基因对肿瘤发生和发展的影响，以及发现新的肿瘤驱动基因和治疗靶点。截至 2021 年 9 月，TCGA 数据库中基因组学数据的样本数量为 33369。

(2) 转录组学数据

转录组学是研究 RNA 转录水平的科学，包括 mRNA、ncRNA 等。在 TCGA 数据库中，存储了大量的转录组学数据，包括 mRNA 表达数据、microRNA 表达数据、非编码 RNA 表达数据等。这些数据可以用于研究转录调控在肿瘤中的作用以及与临床特征的关系。截至 2021 年 9 月，TCGA 数据库中转录组学数据的样本数量为 11178。

(3) 表观基因组学数据

表观基因组学是研究基因组 DNA 上的修饰模式的科学，包括 DNA 甲基化、组蛋白修饰等。在 TCGA 数据库中，存储了大量的表观基因组学数据，包括 DNA 甲基化数据、组蛋白修饰数据等。这些数据可以用于研究表观遗传调控在肿瘤中的作用以及与临床特征的关系。截至 2021 年 9 月，TCGA 数据库中表观基因组学数据的样本数量为 11206。

(4) 蛋白质组学数据

蛋白质组学是研究蛋白质在细胞中的表达、结构和功能的科学。在 TCGA 数据库中，存储了大量的蛋白质组学数据，包括蛋白质表达数据、蛋白质磷酸化数据等。这些数据可以用于研究蛋白质在肿瘤中的变化以及与临床特征的关系。截至 2021 年 9 月，TCGA 数据库中蛋白质组学数据的样本数量为 10598。

(5) 代谢组学数据

代谢组学是研究生物体内代谢物的组成和变化的科学。在 TCGA 数据库中，存储了大量的代谢组学数据，包括代谢物质谱数据、代谢产物浓度数据等。这些数据可以用于研究代谢物在肿瘤中的变化以及与临床特征的关系。截至 2021 年 9 月，TCGA 数据库中代谢组学数据的样本数量为 1196。

通过上述数据类型的介绍可以看出，TCGA 数据库中存储了丰富的组学数据，这些数据可以为肿瘤研究提供很多有用的信息。同时，这些数据类型的互相协作可以提供更全面的信息，从而深入探究肿瘤的发生和发展。除了上述组学数据外，TCGA 数据库还包括了临床数据、病理数据、图像数据等其他数据类型。这些数据可以用于研究肿瘤的临床特征、肿瘤形态学特征等方面的信息。

TCGA 数据库是一个非常重要的肿瘤组学数据库，其中包括了丰富的组学数据类型，可以为肿瘤研究提供有力支持。

7.2.2 TCGA 数据库存储数据的格式

TCGA 数据库存储数据的格式十分多样化，不同数据类型之间的格式也存在差异。以下是 TCGA 数据库中常见数据类型的存储格式介绍。

(1)基因表达数据

在 TCGA 数据库中，基因表达数据采用了一种常见的格式，称为 FPKM (Fragments Per Kilobase of transcript per Million mapped reads)格式。该格式的基本思想是通过对 RNA 测序数据进行定量，计算每个基因的 FPKM 值，从而得到基因表达的定量结果。FPKM 值反映了基因表达水平的相对大小，可以用于进行不同基因之间的比较分析。该格式的数据以文本文件的形式存储，可以通过文本编辑器或者相应的数据处理软件进行访问和分析。例如，在使用 R 语言进行基因表达分析时，可以使用 read. table( ) 等函数读取 FPKM 格式的基因表达数据。

(2)基因突变数据

在 TCGA 数据库中，基因突变数据主要采用了 MAF(Mutation Annotation Format)格式。该格式的基本思想是将每个样本中的基因突变信息按照一定的规则进行编码，然后以文本文件的形式存储。MAF 格式中包括了每个突变的基因、突变类型、突变位置等详细信息，可以用于进行基因突变的统计和分析。该格式的数据可以通过文本编辑器或者相应的数据处理软件进行访问和分析。例如，在使用 R 语言进行基因突变分析时，可以使用 read. table( ) 等函数读取 MAF 格式的基因突变数据。

(3)CpG 岛甲基化数据

在 TCGA 数据库中，CpG 岛甲基化数据采用了 BED 格式。该格式的基本思想是将每个样本中的 CpG 岛甲基化信息按照一定的规则进行编码，然后以文本文件的形式存储。BED 格式中包括了每个 CpG 岛的位置、甲基化水平等详细信息,可以用于进行 CpG 岛甲基化的统计和分析。该格式的数据可以通过文本编辑器或者相应的数据处理软件进行访问和分析。例如,在使用 R 语言进行 CpG 岛甲基化分析时,可以使用 read. table( ) 等函数读取 BED 格式的 CpG 岛甲基化数据。

(4)蛋白质组学数据

在 TCGA 数据库中,蛋白质组学数据采用了 mzXML 格式。该格式的基本思想是将蛋白质组学实验得到的质谱图数据进行编码,然后以 XML 文件的形式存储。mzXML 格式中包括了每个质谱图的扫描号、质量 - 荷电比等信息,可以用于进行蛋白质的鉴定和定量分析。该格式的数据可以通过相应的蛋白质质谱数据分析软件进行访问和分析。例如,Proteowizard 和 Skyline 等软件可以读取 mzXML 格式的蛋白质质谱数据,进行鉴定和定量分析。

(5)生存分析数据

在 TCGA 数据库中,生存分析数据采用了 Survival Analysis Format(SAF) 格式。该格式的基本思想是将每个样本的生存信息、事件信息和与之相关的一些其他信息按照一定的规则进行编码,然后以文本文件的形式存储。SAF 格式中包括了每个样本的 ID、生存时间、是否发生事件、事件类型等信息,可以用于进行生存分析和生存预测。该格式的数据可以通过文本编辑器或者相应的生存分析软件进行访问和分析。例如,在使用 R 语言进行生存分析时,可以使用 survival 包读取 SAF 格式的生存分析数据。

(6)图像数据

在 TCGA 数据库中,图像数据采用了 DICOM(Digital Imaging and Communications in Medicine) 格式。该格式的基本思想是将医学图像数据进行编码,然后以二进制文件的形式存储。DICOM 格式中包括了每个图像的像素值、尺寸、位置等信息,可以用于进行医学图像的分析和处理。该格式的数据可以通过相应的医学图像处理软件进行访问和分析。例如,OsiriX 和 ImageJ 等软件可以读取 DICOM 格式的医学图像数据,进行分析和处理。

TCGA 数据库中存储的数据类型和格式十分多样化,每种数据类型和格式都具有其独特的特点和优势。研究人员可以根据自己的需要选择合适的数据类型和格式进行分析和处理。同时,TCGA 数据库也提供了相应的数据处理工具和软件,可以帮助研究人员更加方便地访问和分析数据库中的数据。

7.2.3 TCGA 数据库数据的访问形式

TCGA 数据库提供了多种数据访问方式,包括官方网站、API 接口、数据下载工具等。以下是 TCGA 数据库的数据访问形式及相应的实例。

(1)官方网站访问

在官方网站中,用户可以选择不同的数据类型和数据来源,然后根据自己的需求进行数据的搜索和筛选。例如,用户可以在"Files"页面中选择"Clinical"数据类型,然后根据样本类型、癌症类型、临床参数等条件进行数据的搜索和筛选。

此外,TCGA 数据库的官方网站还提供了在线的数据可视化工具,例如"Genomic Data Commons Data Portal"和"TCGA Genomic Data Analysis Center"等。通过这些工具,用户可以对数据库中的数据进行进一步的分析和可视化。例如,在"Genomic Data Commons Data Portal"中,用户可以选择某个基因的表达数据,然后将其与不同的癌症类型进行比较,从而探究该基因在不同癌症类型中的表达模式。

(2)API 接口访问

除了官方网站外,TCGA 数据库还提供了 API 接口,可以通过编程的方式进行数据的访问和下载。通过 API 接口,用户可以编写程序来获取数据库中的数据,从而进行更加自动化和高效的数据处理和分析。TCGA 数据库的 API 接口提供了多种编程语言的支持,例如 Python、R、Java 等。通过调用相应的 API 接口,用户可以获取不同类型的数据,例如基因表达数据、突变数据、CNV 数据等。

以下是通过 Python 编程语言获取 TCGA 数据库中基因表达数据的示例代码:

```
import requests
import pandas as pd
#设置 API 接口的地址
#构造查询参数
query_params = {
```

```
'filters': {
'op': 'and',
'content': [
{
'op': 'in',
'content': {
        'field': 'cases.project.project_id',
'value': ['TCGA-BRCA']
}
},
{
        'op': 'in',
'content': {
'field': 'files.data_type',
   'value': ['Gene Expression Quantification']
}
}
]
},
'size': 10000,
'fields': 'file_name,cases.samples.sample_type,data_type'
}
#发送 HTTP 请求
response = requests.post(api_url + 'files', json=query_params)
#将响应数据转换为 DataFrame
response_data = response.json()['data']['hits']
df = pd.DataFrame(response_data)
#输出查询结果
print(df.head())
```

(3)数据下载工具访问

除了 API 接口外,TCGA 数据库还提供了多种数据下载工具,例如 GDC Data Transfer Tool 和 GDC Data Portal Desktop App 等。另外,TCGA 数据的获取也

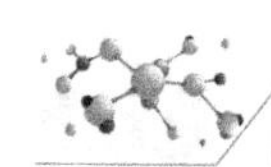

可以通过 TCGA 的数据访问矩阵(Data Access Matrix,简称 DAM)来实现。DAM 提供了一个用户友好的交互式查询工具,使用户可以查询和下载特定 TCGA 研究中的数据。用户可以在 DAM 中选择一个或多个 TCGA 研究,并选择需要的数据类型,例如基因表达数据、突变信息、拷贝数变异等等,还可以选择特定的样本类型(如正常组织、癌症组织等)和分子特征(如 TP53 基因突变等)。在选择好相应的查询条件后,用户可以将结果下载为常见的数据格式,例如 CSV、TSV、JSON 等,以便进行后续分析。除了 DAM 之外,TCGA 还提供了一些命令行工具和 API,使用户可以在程序中自动化地获取数据。例如,TCGA 提供了 GDC Data Transfer Tool,它是一个基于命令行的工具,可以从 GDC 下载 TCGA 数据。用户可以使用该工具自动下载数据,并进行后续处理和分析。

此外,TCGA 还提供了一些程序接口(API),使用户可以在自己的程序中访问 TCGA 数据。例如,TCGA 提供了一个 RESTful API,用户可以使用该 API 从 TCGA 下载数据。用户可以使用任何支持 HTTP 协议的编程语言(如 Python、R 等)来编写程序,访问 TCGA 数据。TCGA 还提供了一些其他 API,如 Genome Data Analysis Center API、Firehose API 等,用户可以根据需要选择相应的 API。

下面以一个实例来介绍如何使用 TCGA 数据。假设我们想研究 TP53 基因在不同癌症类型中的突变情况。首先,我们可以在 TCGA 的网站上查找相应的数据集。通过搜索功能,我们可以找到一个名为"TCGA Pan-Cancer (PAN-CAN)",该数据集包括 33 种不同类型的癌症样本。接下来,我们可以使用 DAM 工具来查询 TP53 基因的突变情况。在 DAM 中,我们选择"PANCAN"研究、突变数据类型、TP53 基因,并将结果下载为 CSV 文件。下载完成后,我们可以使用 Python 编程语言来进一步分析数据。例如,我们可以使用 Pandas 库来读取 CSV 文件,并统计不同癌症类型中 TP53 基因的突变频率。这样,我们就可以在 TCGA 数据库中获取有关 TP53 基因在不同癌症类型中的突变信息,并进行后续分析。除了 API 和官方网站,还有许多第三方工具和软件包可以访问 TCGA 数据。这些工具和软件包可以帮助用户更轻松地访问和分析 TCGA 数据。例如,cBioPortal 和 UCSC Xena 是两个流行的在线分析平台,它们可以让用户轻松地访问和分析 TCGA 数据。此外,许多生物信息学软件包和工具也可以使用 TCGA 数据进行分析和建模。这些工具和软件包包括 R 语言中的 TCGA2STAT 和 TCGAbiolinks 软件包,以及 Python 中的 TCGAtoolbox 和 TCGAretriever 软件包。

总的来说,TCGA 数据库是一个重要的资源,它为研究人员提供了大量的癌症组学数据。

7.2.4 TCGA 数据库数据 ID 编码的形式

TCGA 数据库的数据 ID 编码形式是基于多个参数的组合。TCGA 中的每个样本都有一个唯一的样本 ID,该 ID 包含多个参数,如研究类型、样本来源、患者识别号等。这些参数的组合形成了一个长度为 15 位的样本 ID。

样本 ID 的第一部分表示研究类型,共有两种研究类型,分别为 TCGA 和 TARGET。其中,TCGA 代表癌症基因组图谱计划,而 TARGET 代表儿童肿瘤基因组计划。样本 ID 的第二部分表示样本来源。根据样本来源不同,可以将其分为三个大类,包括原发癌组织、正常对照组织和血液样本。原发癌组织包括肿瘤组织和癌旁正常组织;正常对照组织包括正常组织和正常血液组织;血液样本则包括血液细胞和血浆/血清。样本 ID 的第三部分表示患者识别号,它是一个唯一的标识符,可以将同一患者的多个样本进行关联。样本 ID 的第四部分表示样本的具体编号。对于同一患者的多个样本,其编号将以字母 A、B、C 等来区分。样本 ID 的最后两部分表示数据集和数据类型。其中,数据集指的是该样本所属的 TCGA 数据集,例如 BRCA(乳腺癌)、LUAD(肺腺癌)等;数据类型则表示该样本的数据类型,例如 mRNA、miRNA、蛋白质组等。

以下是一个 TCGA 样本 ID 的示例:

TCGA-02-0047-01A-01R-1850-13(BRCA 数据集中的一个原发乳腺癌样本)

其中,TCGA 表示数据来源为 TCGA 数据库;02 代表该研究为第二期;0047 表示该样本来自第 47 位患者;01A 表示这是患者的第一个原发癌组织样本;01R 表示这是患者的第一个癌旁正常组织样本;1850 表示该样本的样本编号为 1850;13 表示该样本的数据类型为基因表达数据。

值得注意的是,TCGA 样本 ID 中的各部分参数并不是固定不变的,有些参数会因为研究进展或者数据库更新而发生变化。例如,随着 TCGA 计划的进展,新的数据集不断被添加进来,导致数据集的参数值不断增加;又例如,有时候为了更好地识别患者样本,患者识别号可能会被替换成一个更为安全的标识符,例如 UUID。因此,对于 TCGA 数据库的数据 ID 编码形式,需要持续关注并及时了解最新的信息。

除了样本 ID 之外,TCGA 数据库还使用了其他的 ID 编码形式,例如基因 ID 和突变 ID。基因 ID 是指用于标识基因的唯一标识符,TCGA 基因表达数据中使用的基因 ID 通常是基于 Gencode 注释的,它可以在 Gencode 数据库中进行查询。而突变 ID 则是指用于标识基因突变的唯一标识符，TCGA 突变数据中使用的突变 ID 通常是基于 MuTect 或者 VarScan 等突变检测工具的，可以在相应的数据库或者工具中进行查询。

7.3 ArrayExpress

ArrayExpress 数据库是一个公共的基因表达数据存储和共享数据库，旨在为全球研究人员提供可访问的、可重用的基因表达数据资源。该数据库由欧洲分子生物学实验室（EMBL）创建和维护，旨在为研究人员提供高质量的基因表达数据，并促进对基因组学的深入理解。

ArrayExpress 数据库的发展历程可以追溯到 2002 年，当时该数据库成立的初衷是为了解决研究人员在共享基因表达数据时遇到的问题。传统上，研究人员将基因表达数据存储在自己的实验室中，往往只能由实验室内部的研究人员使用。这导致了基因表达数据的浪费和不必要的重复劳动。为了解决这个问题，EMBL 创建了 ArrayExpress 数据库，旨在为研究人员提供一个集中存储和共享基因表达数据的平台，以便他们可以共享数据、发现新的基因、验证发现并开展更深入的研究。

从 2002 年开始，ArrayExpress 数据库逐渐扩大了其数据类型和数据量。截至 2021 年，该数据库已经收录了来自全球各个研究机构的数千个基因表达数据集，包括基因芯片、RNA 测序和原位杂交等多种数据类型。ArrayExpress 还包括其他类型的实验数据，如质谱数据、蛋白质互作数据和基因表达定量数据。通过这些数据，研究人员可以了解基因在不同生理状态下的表达情况，发现新的基因和生物学过程，并研究基因调控网络和疾病发生的机制。除了收集和共享基因表达数据外，ArrayExpress 还提供了一系列工具和资源，帮助研究人员更好地利用其数据。这些工具包括数据浏览器、基因表达分析工具和数据下载器等，旨在为研究人员提供一个全面的基因表达数据平台，以促进研究和发现。

总的来说，ArrayExpress 数据库是一个非常重要的基因表达数据存储和共享平台，对于促进基因组学和生物学研究发挥着重要的作用。通过提供高质量的基因表达数据和工具，该数据库可以帮助研究人员深入理解基因调控和生物学过程。

7.3.1 ArrayExpress 数据库存储数据的类型

ArrayExpress 是一个公共基因表达数据存储库,它收集了全球各种类型的基因组学实验数据,包括基因芯片、RNA 测序、蛋白质组学和代谢组学等。这些数据来自多个物种,涵盖了许多疾病和条件。ArrayExpress 的目的是通过数据共享来促进科学研究,提高对基因表达和调控的理解。ArrayExpress 中存储的数据类型包括基因表达、甲基化、RNA 测序、基因变异、蛋白质组学、代谢组学等。

(1)基因表达数据

基因表达数据是 ArrayExpress 中存储的最常见的数据类型。这些数据描述了不同细胞类型和条件下基因的表达水平。基因表达数据主要来自基因芯片和 RNA 测序实验。基因芯片是一种快速检测大量基因表达水平的方法,而 RNA 测序则可以定量地测量每个基因的表达水平。基因表达数据的大小通常很大,因为对于每个实验,都可能包含数千个基因的表达水平。

(2)甲基化数据

甲基化是一种常见的表观遗传修饰,可以影响基因的表达。ArrayExpress 存储的甲基化数据描述了基因组中甲基化的模式和水平。这些数据通常来自甲基化芯片或甲基化测序实验。

(3)RNA 测序数据

RNA 测序数据描述了基因表达的详细信息,包括外显子和内含子,以及转录本的不同亚型。这些数据通常使用高通量测序技术生成,可以提供比基因芯片更准确的表达信息。RNA 测序数据通常比基因芯片数据更大,因为它们包含大量的转录本和转录变体信息。

(4)基因变异数据

基因变异是基因组中的遗传变化,可以影响基因的功能和表达。ArrayExpress 存储的基因变异数据描述了不同个体之间的基因变异和突变情况。这些数据通常来自基因组测序实验,包括全基因组测序和外显子测序。

(5)蛋白质组学数据

蛋白质组学数据描述了细胞或组织中蛋白质的表达和调控情况。这些数据通常来自质谱技术,可以提供准确的蛋白质定量和鉴定。

(6)代谢组学数据

代谢组学数据描述了生物体内代谢产物的种类和水平。这些数据通常来自代谢组分析实验,包括气相色谱 - 质谱联用(GC - MS)和液相色谱 - 质谱联用(LC - MS)。代谢组学数据可以提供对生物体内代谢途径的深入理解,也可以用于研究代谢紊乱和疾病的生物标志物的发现。

由于 ArrayExpress 存储的数据类型非常丰富,因此其数据量非常庞大。截至 2021 年 9 月,ArrayExpress 中包含了来自超过 9000 个实验的 1.6 亿个原始数据文件。其中,RNA 测序数据量最大,约占据了 50% 的数据量。其次是基因芯片数据和蛋白质组学数据,分别占据了 15% 和 10% 的数据量。基因变异和甲基化数据量较小,分别占据了 5% 和 3% 的数据量。代谢组学数据的数据量相对较小,但随着代谢组学技术的不断发展,其数据量也在逐步增加。ArrayExpress 存储了各种类型的基因组学实验数据,包括基因表达、甲基化、RNA 测序、基因变异、蛋白质组学和代谢组学等。这些数据量非常庞大,为研究人员提供了丰富的数据资源,有助于促进科学研究和提高对基因表达和调控的理解。

7.3.2 ArrayExpress 数据库存储数据的格式

ArrayExpress 数据库存储的数据格式多种多样,包括文本格式、注释格式、序列格式等。

(1)文本格式

ArrayExpress 中最常用的数据格式是文本格式。文本格式通常用于存储基因表达数据、甲基化数据、RNA 测序数据等。这些数据通常以表格形式存储,其中每行代表一个基因或一个样本,每列代表一个基因或一个样本特征。例如,在基因表达数据中,每行代表一个基因,每列代表一个样本。这些数据可以使用通用的数据处理软件进行分析和可视化。

(2)注释格式

注释格式用于描述基因组和转录组中基因、转录本和其他生物学实体的注释信息。这些信息通常包括基因的名称、别名、描述、外显子、内含子、启动子、转录起始位点和终止位点等。注释格式可以帮助研究人员对基因组和转录组进行深入的分析和解释。常见的注释格式包括 GFF(通用特征格式)和 GTF(基因组注释文件)等。

(3)序列格式

序列格式用于存储 DNA、RNA 和蛋白质序列数据。这些数据通常以 FASTA 格式存储,其中每个序列都以大标题开始,后面跟着序列本身。例如,一个 DNA 序列的 FASTA 格式如下:

```
chr1:100-200
ATCGATCGATCG...
```

其中,“>chr1:100-200”是大标题,表示序列所在的染色体、起始位置和终止位置,“ATCGATCGATCG...”是序列本身。

除了这些格式外,ArrayExpress 还支持其他格式,例如 BED 格式、SAM 格式、BAM 格式等。BED 格式用于描述基因组上的区域和功能元素,SAM 和 BAM 格式用于描述测序数据的比对结果。这些格式可以帮助研究人员对基因组和测序数据进行更深入的分析和解释。

总体而言,ArrayExpress 数据库存储的数据格式具有通用性、标准化和易于处理等特点,这使得研究人员可以方便地访问和分析这些数据。同时,ArrayExpress 还提供了一些工具和 API,可以帮助研究人员对数据进行自动化分析和下载,进一步提高了数据的利用价值。

7.3.3 ArrayExpress 数据库数据的访问形式

ArrayExpress 数据库的数据可以通过网站或 API 进行访问。这里将介绍这些访问形式,并提供一些实例。

(1)网站访问

ArrayExpress 的网站提供了基于 Web 的查询工具,可以方便地搜索和浏览存储在数据库中的数据。用户可以通过搜索框输入关键词搜索感兴趣的数据集。搜索结果将包括数据集的基本信息、实验设计、样本信息、数据分析结果和数据下载链接等。用户可以通过单击数据集的标题链接访问完整的数据集页面，该页面包括所有的实验信息和下载链接。

此外，ArrayExpress 网站还提供了高级查询工具，允许用户使用更复杂的搜索条件和筛选器来查找数据集。用户还可以使用基于表单的查询工具来搜索特定类型的数据，例如基因表达、甲基化、蛋白质组学等。

（2）API 访问

ArrayExpress 数据库还提供了 REST API，允许程序化地查询和下载数据。API 的文档可以在网址中找到。用户可以使用 REST API 来搜索和下载存储在 ArrayExpress 数据库中的数据。例如，以下代码段使用 Python 中的 requests 库来搜索关键词"breast cancer"：

```
import requests
import json
# search forexperiments containing "breast cancer" in the title or de-
scription
query = "breast cancer"
response = requests. get( url)
data = json. loads( response. text)
```

该代码使用 JSON 格式检索并返回了所有包含关键词"breast cancer"的实验的元数据信息。用户还可以使用 API 下载原始数据，如下所示：

```
# download microarray data for experiment E-MTAB-365
experiment_id = "E-MTAB-365"
response = requests. get( url)
data = response. content
```

此代码段下载了与实验 E-MTAB-365 相关的基因芯片数据，并将其存储在"data"变量中。

ArrayExpress 数据库存储了多种类型的基因组学数据，包括基因表达、甲基化、RNA 测序、基因变异、蛋白质组学和代谢组学等。这些数据以不同的格式存储在数据库中，例如 CEL、FASTQ、BAM 和 MAGE-TAB 等。用户可以通过 ArrayExpress 网站或 API 访问这些数据,并进行搜索、浏览和下载。

7.3.4 ArrayExpress 数据库数据 ID 编码的形式

在 ArrayExpress 数据库中,每个数据集都有一个独特的 ID 编码,这个编码被用来标识和引用这个数据集。ID 编码的形式有多种,来源于不同的数据库资源,下面将介绍几种常见的形式。

(1)AEID

AEID 是 ArrayExpress ID 的缩写,是 ArrayExpress 数据库中最常用的 ID 编码。它由"E-"和一组数字组成,例如"E-MTAB-1234"。其中,"E-"代表 ArrayExpress 数据库,后面的数字代表这个数据集的唯一标识。AEID 编码的数据集可以通过 ArrayExpress 网站或其他数据库的交叉引用访问。

(2)GEO

GEO 是 Gene Expression Omnibus 的缩写,是美国国家医学图书馆的基因表达数据存储库。GEO ID 是由"GSE"或"GSM"和一组数字组成的编码,例如"GSE1234"或"GSM5678"。GEO ID 编码的数据集可以通过 GEO 网站或其他数据库的交叉引用访问。

(3)PRIDE

PRIDE 是 Proteomics Identification Database 的缩写,是一个公共的蛋白质组学数据存储库。PRIDE ID 由"PRD"和一组数字组成,例如"PRD000123"。PRIDE ID 编码的数据集可以通过 PRIDE 网站或其他数据库的交叉引用访问。

(4)PXD

PXD 是 ProteomeXchange 的缩写,是一个公共的蛋白质组学数据存储库联盟,旨在促进蛋白质组学数据的共享。PXD ID 由"PXD"和一组数字组成,例如"PXD012345"。PXD ID 编码的数据集可以通过 ProteomeXchange 网站或其他数据库的交叉引用访问。

(5)BioProject

BioProject 是 NCBI 的一个数据库,用于存储和共享生物学研究项目的信息。BioProject ID 由“PRJ”和一组数字组成，例如“PRJNA123456”。BioProject ID 编码的数据集可以通过 NCBI 网站或其他数据库的交叉引用访问。

（6）SRA

SRA 是 Sequence Read Archive 的缩写，是 NCBI 的一个数据库，用于存储高通量测序数据。SRA ID 由“SRX”和一组数字组成，例如“SRX789012”。SRA ID 编码的数据集可以通过 NCBI 网站或其他数据库的交叉引用访问。

总之，不同的数据库和数据存储库有不同的 ID 编码形式，但它们都遵循类似的原则，即为每个数据集分配一个唯一的标识符，以方便对数据集的引用和共享。通过这些 ID 编码，用户可以方便地访问和下载他们感兴趣的数据集。

第八章　生物分子网络数据库

生物分子网络数据库是一类综合了大量生物分子交互信息的数据库，它们以生物分子之间的相互作用关系为中心，收集并整理了多种分子之间的相互作用关系数据，并将这些数据以网络的形式呈现出来。这些数据库为生物学家研究生物分子之间的相互作用提供了重要的信息资源，它们的发展也极大地促进了生物信息学、系统生物学等相关领域的研究进展。这里将介绍生物分子网络数据库的概念、分类、特点、应用等方面。

生物分子网络数据库是一种特殊类型的数据库，主要收集并整合了大量的生物分子间相互作用信息。生物分子网络通常采用图论中的网络模型来描述，其中生物分子被视为网络节点，它们之间的相互作用被视为网络边。这些边可以是直接的物理相互作用，也可以是功能上的关联，例如同样参与同一生物过程的蛋白质，或者是共同调节某些基因表达的转录因子等。生物分子网络数据库收集的相互作用关系数据来源广泛，包括基因芯片、蛋白质相互作用实验、文献分析等多种数据源。

按照数据来源和网络类型的不同，生物分子网络数据库可以分为多种类型。以下是一些常见的分类方式：

①基因芯片数据：利用基因芯片技术，可以高通量地检测生物体内基因表达的变化，这些数据可以用来构建基因共表达网络等。

②蛋白质相互作用数据：蛋白质相互作用是生物体内最基本的分子相互作用之一，因此蛋白质相互作用网络是生物分子网络数据库中最为常见的一种类型。

③文献挖掘数据：通过对生物医学文献进行文本挖掘，可以提取出其中的生物分子相互作用关系等信息。

④其他数据源：还有一些生物分子网络数据库来源比较广泛，包括基因调控、代谢网络等。

其网络类型主要包含有：

①有向网络：网络中的边具有方向性，例如基因调控网络。

②无向网络：网络中的边不具有方向性，例如蛋白质相互作用网络。

③混合网络：网络中既有有向边，又有无向边。

生物分子网络数据库具有以下几个特点：

(1)综合性

生物分子网络数据库不仅可以包含蛋白质相互作用网络、基因调控网络等单一类型网络，还可以综合多种类型网络。例如，KEGG(Kyoto Encyclopedia of Genes and Genomes)数据库综合了基因调控、代谢等多个领域的网络，提供了全面的生物分子相互作用信息。

(2)可视化

生物分子网络数据库中的网络数据通常以图形的形式展现，可以方便生物学家进行可视化分析。例如，STRING(Search Tool for the Retrieval of Interacting Genes/Proteins)数据库将蛋白质相互作用网络以可视化方式呈现，可以方便用户对网络结构进行分析。

(3)数据挖掘

生物分子网络数据库中的网络数据可以通过数据挖掘等方法进行分析，可以挖掘出生物分子之间的复杂相互作用模式。例如，通过基于模块的方法对基因调控网络进行挖掘，可以发现关键的调控模块。

(4)跨物种

生物分子网络数据库可以包含多种物种的生物分子相互作用信息，可以帮助生物学家进行跨物种的研究。例如，STRING 数据库可以提供多种物种的蛋白质相互作用网络信息。

以下是几个常用的生物分子网络资源数据库：STRING 数据库收集了许多物种的蛋白质相互作用和调控信息，并将这些信息组织成蛋白质网络。该数据库包含了许多工具，可以帮助研究人员探究蛋白质网络的特性和功能。STRING 数据库的特点是包含大量物种的相互作用数据，同时提供了多种工具和可视化方式。BioGRID 是一个基于实验室测量的蛋白质相互作用数据库，它包含了来自多种物种的蛋白质相互作用信息。该数据库提供了许多工具,可以帮助研究人员对蛋白质网络进行分析和可视化。BioGRID 数据库的特点是以实验室测量数据为基础,同时提供了多种工具和方法。GeneMANIA 是一个基于多种数据源的基因互作网络数据库,其中包括基因共表达、基因共定位、基因物理互作、基因共调节、蛋白质域共现、基因共通路等信息。该数据库可以用于预测和分析新的基因互作关系,并对基因功能进行注释和预测。BioPlex 是一个基于实验室测量的蛋白质相互作用数据库,其中包括来自多种细胞类型和物种的蛋白质相互作用信息。该数据库提供了一个互动式的 Web 界面,可以用来可视化和探究蛋白质网络的结构和特性。IntAct 是一个基于实验室测量的蛋白质相互作用数据库,其中包括来自多种物种和细胞类型的蛋白质相互作用信息。该数据库还提供了一个互动式的 Web 界面,可以用来可视化和探究蛋白质网络的结构和功能。DIP 是一个基于实验室测量的蛋白质相互作用数据库,其中包括来自多种物种和细胞类型的蛋白质相互作用信息。该数据库还提供了许多工具,可以用来可视化和探究蛋白质网络的结构和特性。HPRD 是一个基于实验室测量的人类蛋白质相互作用数据库,它包含了来自多种实验技术的蛋白质相互作用信息。该数据库提供了许多工具,可以帮助研究人员探究人类蛋白质网络的特性和功能。

生物分子网络数据库的应用非常广泛,以下是一些常见的应用:通过生物分子网络数据库中的网络数据,可以对生物分子的功能进行注释。例如,通过分析蛋白质相互作用网络,可以预测蛋白质的功能,进而发现新的药物靶点。通过跨物种的网络比较,可以研究生物分子网络在进化过程中的演化规律。例如,通过比较多种物种的蛋白质相互作用网络,可以研究生物分子网络在进化过程中的保守性和可变性。通过生物分子网络数据库中的网络数据,可以研究疾病相关基因的相互作用网络,从而深入了解疾病发生的分子机制。例如,通过分析基因调控网络中与疾病相关的基因,可以研究疾病的发生和发展过程。通过分析蛋白质相互作用网络,可以发现新的药物靶点,并设计出具有高选择性和高亲和力的药物分子。生物分子网络数据库在系统生物学研究中扮演着重要的角色。通过分析网络数据,可以对生物分子之间的相互作用进行全面深入的研究,从而揭示生物系统的整体性和复杂性。例如,通过基于模块的方法对基因调控网络进行分析,可以发现关键的调控模块,并进一步揭示生物系统的调控机制。个性化医学是指根据个体基因、环境、生活方式等多种因素,量身定制的医疗健康方案。生物分子网络数据库可以为个性化医学提供重要的基础数据。例如,通过分析个体基因的相互作用网络,可以为个性化治疗提供更精准的靶点。

虽然生物分子网络数据库在生命科学领域中的应用前景广阔,但也面临着一些挑战。生物分子网络数据库中的数据质量是影响其应用的关键因素之一。网络数据的质量受到多种因素的影响,包括数据来源的可靠性、数据处理的准确性和网络拓扑结构的可信度等。因此,如何保证网络数据的质量是生物分子网络数据库未来需要解决的问题之一。随着各种类型的生物分子网络数据库的不断涌现,如何将不同数据库中的数据整合起来成了一个亟待解决的问题。跨数据库整合可以为生命科学研究提供更全面的网络数据,但如何保证不同数据库之间数据的一致性和可比性也是一个需要解决的难题。生物分子网络数据库中的网络数据需要通过算法和工具进行分析和挖掘。因此,如何开发更加高效和精确的算法和工具,以更好地解析网络数据,是未来生物分子网络数据库需要重点关注的问题之一。

总的来说,生物分子网络数据库的发展为生命科学研究提供了丰富的数据资源和分析工具,为人类的健康事业提供了重要的支撑。未来,生物分子网络数据库将不断发展和完善,为更深入的生命科学研究提供更加完备的数据资源和分析工具。

8.1 STRING

STRING(Search Tool for the Retrieval of Interacting Genes/Proteins)数据库是一个功能齐全、基于网络的资源,用于在不同物种中存储和呈现蛋白质互作和功能信息。它是一个在线的数据库,提供了基于计算机的预测和实验室测量的数据,包括蛋白质相互作用、代谢途径、信号转导、基因共表达等。

该数据库的发展历史可以追溯到2000年,当时它是由欧洲分子生物学实验室(EMBL)和斯坦福大学共同开发的。最初的版本是一个包含细菌和酵母物种的小型数据库,提供了基于实验和计算机预测的蛋白质互作信息。随着时间的推移,STRING数据库得到了广泛的认可和使用,并得到不断扩大和完善。在2003年,STRING发布了第二个版本,新增了拟南芥、线虫和人类等物种,并增加了一些功能,例如基因本体论注释和代谢途径信息。在2005年,发布了第三个版本,增加了更多物种和更多功能,例如蛋白质结构信息和基因表达数据等。在2011年,发布了第九个版本,该版本不仅更新了数据,还改进了数据库的可用性和用户界面。到了2015年,STRING发布了第十个版本,该版本引入了新的算法和技术,增加了对细胞系和动物组织等样本的支持。此外,还增加了新的功能注释和基于大规模基因表达数据的功能预测。

STRING 数据库中的数据来源不同,包括基因本体论、生物化学、高通量技术等,这些数据都被整合到了同一个平台上。数据库的主要目的是为生命科学研究人员提供一个可靠的、准确的、可视化的蛋白质互作和功能的资源,从而更好地理解和探究生物体系的内部作用和功能。STRING 数据库主要包括以下几个部分:

(1)蛋白质相互作用

基于实验和计算机预测的数据整合了来自不同物种的蛋白质相互作用信息,包括直接和间接的作用。相互作用数据可以通过网络图、表格和其他可视化方式呈现,以及导出数据和元数据进行进一步分析。

(2)功能注释

为了更好地理解蛋白质互作的生物学含义,STRING 数据库提供了丰富的蛋白质功能注释信息。这些信息包括基于基因本体论的注释、关键词、通路注释、生物过程、组分位置等,为研究人员提供了更好的理解蛋白质功能和生物学意义的机会。

(3)代谢途径

代谢途径是生物体系中不可或缺的一部分,它提供了物质和能量的转化和交换。STRING 数据库整合了来自多个物种的代谢途径数据,包括代谢产物、酶和代谢途径的关系。这些数据可以通过网络图、表格和其他可视化方式呈现,以及导出数据和元数据进行进一步分析。

(4)信号转导

STRING 数据库整合了来自多个物种的信号转导数据,包括蛋白质相互作用和调节、小分子的影响、通路、基因调节等。这些数据可以通过网络图、表格和其他可视化方式呈现,以及导出数据和元数据进行进一步分析。

STRING 数据库的数据可以通过多种方式访问,包括通过在线查询、下载数据和元数据、API 接口、可视化工具等。对于不同类型的用户,STRING 数据库提供了不同的访问方式,从初学者到专业的生命科学研究人员都可以使用该数据库。此外,STRING 数据库还提供了一些有用的工具和功能,帮助研究人员更好地利用和分析数据。其中一些工具和功能包括:

①搜索:STRING 数据库提供了一个简单易用的搜索功能,用户可以通过关键词或蛋白质 ID 查找相关数据和信息。

②可视化:STRING 数据库提供了多种可视化工具,包括网络图、热图、气泡图等,帮助研究人员更好地理解和分析数据。

③比较分析:STRING 数据库允许用户比较不同物种、代谢途径和信号转导的数据,以便更好地理解生物体系的异同和相似之处。

④注释:STRING 数据库提供了一系列注释工具,包括基因本体论注释、通路注释等,帮助研究人员更好地理解蛋白质的功能和生物学意义。

⑤数据下载:STRING 数据库允许用户下载数据和元数据,以便进一步分析和处理。

STRING 数据库是一个功能齐全、易于使用、可靠的生物分子网络数据库。它提供了丰富的蛋白质相互作用和功能注释数据,以及代谢途径和信号转导数据。通过可视化工具、注释工具、比较分析和数据下载功能,STRING 数据库帮助研究人员更好地理解生物体系的内部作用和功能,促进生命科学的研究和发展。

8.1.1 STRING 数据库存储数据的类型

STRING 数据库存储了多种类型的生物分子网络数据,其中包括蛋白质互作、功能注释、代谢途径和信号转导等方面的信息。这些数据类型对于研究生物系统的内部功能和相互作用非常重要,因此在 STRING 数据库中被细致地分类和存储。

(1)蛋白质互作数据

蛋白质互作数据是 STRING 数据库中最重要的数据类型之一,因为它提供了研究蛋白质相互作用的基础信息。这些数据包括直接和间接相互作用,以及它们之间的信号传导、调节和影响。STRING 数据库整合了不同物种中的蛋白质互作数据,包括大量实验室测量和计算机预测的数据。这些数据可以通过网络图、表格和其他可视化方式呈现,以及导出数据和元数据进行进一步分析。

(2)功能注释数据

功能注释数据是 STRING 数据库中用于描述蛋白质功能和生物学含义的信息。这些数据包括基于基因本体论的注释、关键词、通路注释、生物过程、组分位置等。这些注释数据为研究人员提供了更好的理解蛋白质功能和生物学意义的机会。在 STRING 数据库中,这些数据可以通过网络图、表格和其他可视化方式呈现,以及导出数据和元数据进行进一步分析。

(3)代谢途径数据

代谢途径数据是描述生物体系中物质和能量的转化和交换的数据。STRING 数据库整合了来自多个物种的代谢途径数据,包括代谢产物、酶和代谢途径的关系。这些数据可以通过网络图、表格和其他可视化方式呈现,以及导出数据和元数据进行进一步分析。

(4)信号转导数据

信号转导数据是描述细胞内分子信号传导和调节的数据。STRING 数据库整合了来自多个物种的信号转导数据,包括蛋白质相互作用和调节、小分子的影响、通路、基因调节等。这些数据可以通过网络图、表格和其他可视化方式呈现,以及导出数据和元数据进行进一步分析。

STRING 数据库存储了多种类型的生物分子网络数据,这些数据为研究人员提供了深入了解生物体系内部作用和功能的机会。在数据库中,这些数据通过多种方式进行存储、整合和呈现,为研究人员提供了强有力的帮助。

8.1.2 STRING 数据库存储数据的格式

STRING 数据库存储的数据格式主要包括蛋白质互作数据、蛋白质注释数据、代谢途径数据和信号转导数据等。这些数据在数据库中以特定的格式进行存储和组织,以便于有效地管理和检索。下面将对每种数据格式进行详细介绍。

(1)蛋白质互作数据格式

蛋白质互作数据是 STRING 数据库的核心内容之一。该数据库收集和整合了大量来自实验和计算机预测的蛋白质相互作用数据,包括直接和间接作用等。这些数据以特定的格式进行存储,包括:

①蛋白质 ID:每个蛋白质都有一个唯一的 ID,用于标识该蛋白质在数据库中的位置。

②蛋白质名称:蛋白质的通用名称或别名,便于用户理解。

③互作类型:互作类型包括物理相互作用和功能相互作用等。

④互作分数：根据不同的评估指标计算得出的互作分数，用于评估蛋白质之间的相互作用强度。

⑤互作来源：互作数据的来源，包括实验和计算机预测等。

⑥参考文献：数据来源的文献引用信息。

(2)蛋白质注释数据格式

蛋白质注释数据包括蛋白质功能、基因本体论注释、通路注释等信息。这些数据以特定的格式进行存储，包括：

①蛋白质 ID：同样是标识蛋白质的唯一 ID。

②蛋白质名称：蛋白质的通用名称或别名。

③注释类型：包括基因本体论注释、关键词、通路注释、生物过程、组分位置等注释类型。

④注释内容：具体的注释内容。

⑤参考文献：数据来源的文献引用信息。

(3)代谢途径数据格式

代谢途径数据是指生物体系中物质和能量的转化和交换。STRING 数据库整合了来自多个物种的代谢途径数据，包括代谢产物、酶和代谢途径的关系等。这些数据以特定的格式进行存储，包括：

①代谢物 ID：代谢物的唯一 ID。

②代谢物名称：代谢物的通用名称或别名。

③酶 ID：参与代谢途径的酶的唯一 ID。

④酶名称：酶的通用名称或别名。

⑤反应 ID：代谢途径中的反应的唯一 ID。

⑥反应名称：反应的通用名称或别名。

⑦反应类型：反应的类型，包括合成、降解、修饰等。

⑧反应方向：反应的方向，包括正向和反向。

⑨参与物：反应中参与的物质，包括底物和产物。

⑩参考文献：数据来源的文献引用信息。

(4)信号转导数据格式

信号转导是指生物体内信息传递的过程，涉及多个蛋白质和化合物的相互作用和调节。STRING 数据库整合了多种物种的信号转导数据,包括蛋白质-蛋白质相互作用、蛋白质-化合物相互作用、调节关系等。这些数据以特定的格式进行存储,包括:

①蛋白质 ID:参与信号转导的蛋白质的唯一 ID。

②蛋白质名称:蛋白质的通用名称或别名。

③信号转导类型:包括激活、抑制、调节等类型。

④交互类型:交互类型包括蛋白质-蛋白质相互作用、蛋白质-化合物相互作用等。

⑤信号转导分数:根据不同的评估指标计算得出的信号转导强度分数,用于评估蛋白质之间的相互作用强度。

⑥参考文献:数据来源的文献引用信息。

综上所述,STRING 数据库存储的数据格式包括蛋白质互作数据、蛋白质注释数据、代谢途径数据和信号转导数据等。这些数据格式都采用了统一的标识符和通用名称,方便用户进行交叉查询和比较分析。此外,所有数据都来源于已公开发表的文献,确保数据的可靠性和可信度。这些特点使得 STRING 数据库成为生命科学领域中不可或缺的工具之一。

8.1.3 STRING 数据库数据的访问形式

该数据库的访问形式十分灵活,可以通过网站、API 和工具包等方式进行数据查询和获取。

(1)网站

STRING 数据库提供了一个易于使用的网站,用户可以在网站上进行简单、复杂、自定义的数据查询操作。该网站提供多种不同的搜索选项,用户可以输入基因、蛋白质、关键字、条目名称等进行搜索,还可以对搜索结果进行筛选、排序和限制条件等等。在网站上,用户可以浏览蛋白质互作网络图,查看蛋白质互作网络的概览、详细信息、可视化展示等。

(2)API

STRING 数据库提供了一个 RESTful API,可以让用户通过编程方式进行数据访问。API 的使用需要先进行注册,并获取 API key,API key 可以通过网站的注册和申请获取。API 支持多种数据格式的返回,包括 JSON、XML 和 TSV 等等。用户可以使用 API 获取蛋白质互作网络数据、互作关系、注释、属性信息等等。API 的使用文档可以在网站上找。

(3)工具包

STRING 数据库还提供了多个工具包,可以方便地进行数据分析和处理。例如,Cytoscape 是一个流行的蛋白质互作可视化软件,可以与 STRING 数据库集成,方便用户对蛋白质互作网络进行可视化展示。STRING 数据库还提供了 Python、R、Java 等多种编程语言的接口和封装库,可以帮助用户更方便地进行数据处理和分析。工具包的使用文档可以在网站上找到。

为了演示 STRING 数据库的使用方法,这里我们将以一个简单的查询操作为例,演示如何获取一个基因的蛋白质互作网络数据。在这个例子中,我们将查询人类基因 TP53 的蛋白质互作网络数据,并使用 Python API 进行数据处理和可视化展示。

首先,我们需要安装 Python API 和 Python 的网络数据处理库 requests。Python API 的安装可以使用 pip 进行安装:

pip install stringdb

接下来,我们需要在 STRING 数据库上注册,接下来,我们需要在 STRING 数据库上注册,获取 API key,才能使用 Python API 进行数据查询。注册方法可以在 STRING 数据库的网站上找到。完成注册并获取 API key 后,我们就可以使用 Python API 进行数据查询了。以下是一个简单的 Python 脚本,用于查询基因 TP53 的蛋白质互作网络数据,并进行可视化展示:

```
import stringdb as string
import requests
import json
import networkx as nx
import matplotlib. pyplot as plt

# Set the API key
string. set_api( 'API_key')

# Set the species and query term
species = 'human'
```

```
query_term = 'TP53'

# Get the interaction partners of the query term
result = json.loads(response.text)

# Build a graph using NetworkX
G = nx.Graph()
for edge in result:
G.add_edge(edge['preferredName_A'], edge['preferredName_
B'], weight=edge['combined_score'])

# Draw the graph
pos = nx.spring_layout(G)
edge_width = [d['weight']/10 for (u, v, d) in G.edges(data =
True)]
nx.draw_networkx_edges(G, pos, width=edge_width)
nx.draw_networkx_nodes(G, pos, node_size=500)
nx.draw_networkx_labels(G, pos, font_size=10, font_family='sans-
serif')
plt.axis('off')
plt.show()
```

首先,我们导入了需要的 Python 库,包括 stringdb、requests、json、networkx 和 matplotlib. pyplot。然后,我们设置了 API key,并指定了要查询的物种(人类)和查询词(TP53)。接着,我们使用 requests 库发送 GET 请求到 STRING 数据库的 API,获取基因 TP53 的互作伙伴列表,并将结果解析为 JSON 格式。然后,我们使用 NetworkX 库构建了一个无向图,表示基因 TP53 的蛋白质互作网络。最后,我们使用 matplotlib. pyplot 库进行可视化展示,绘制了蛋白质互作网络图。在这个蛋白质互作网络图中,每个节点代表一个蛋白质,节点的大小表示节点的度数,即节点与其他蛋白质的互作数。边代表蛋白质之间的互作关系,边的宽度表示互作关系的可靠性分数。这个蛋白质互作网络图可以帮助我们更好地理解基因 TP53 在蛋白质互作网络中的作用和调控机制。

STRING 数据库是一个十分强大的基因蛋白质互作网络数据库,提供了多种数据访问形式和工具包,可以帮助研究人员方便地获取和分析蛋白质互作网络数据。

8.1.4 STRING 数据库数据 ID 编码的形式

STRING 数据库为每个蛋白质分配了一个独特的 ID 编码。在 STRING 数据库中，每个蛋白质都有一个 STRING ID，这个 ID 编码是由 STRING 数据库自行分配的，并且遵循一定的命名规则和格式。在 STRING 数据库中，每个蛋白质的 ID 编码由五个部分组成，分别是物种代码、数据源代码、蛋白质代码、版本号和后缀。下面将对每个部分进行详细的介绍。

(1)物种代码

在 STRING 数据库中，每个蛋白质的 ID 编码以一个物种代码开头。这个物种代码是一个三个字符的字母缩写，用来表示该蛋白质所属的物种。例如，人类的物种代码是“9606”，小鼠的物种代码是“10090”，大豆的物种代码是“3847”。

(2)数据源代码

数据源代码用来表示该蛋白质信息的来源，例如基因组注释数据库、蛋白质序列数据库、结构数据库等。在 STRING 数据库中，每个数据源都被分配了一个唯一的两个字符的代码，用来标识该数据源。例如，UniProt 蛋白质序列数据库的代码是“UP”，NCBI RefSeq 基因组注释数据库的代码是“NCBI_REFSEQ”。

(3)蛋白质代码

蛋白质代码是一个由字符串和数字组成的字符串，用来表示该蛋白质在数据源中的标识符。在不同的数据源中，蛋白质代码的格式和长度可能会有所不同。例如，在 UniProt 蛋白质序列数据库中，蛋白质代码通常以字母“P”开头，后面跟着一串数字，例如“P04637”代表人类 TP53 蛋白质；在 NCBI RefSeq 基因组注释数据库中，蛋白质代码通常以字母“NP”或“XP”开头，后面跟着一串数字，例如“NP_000537”代表人类 TP53 蛋白质的基因组注释。

(4)版本号

版本号是一个数字，用来表示该蛋白质信息的版本。在不同的数据源中，版本号的更新频率和格式可能会有所不同。在 UniProt 蛋白质序列数据库中，版本号通常是一个整数，例如“P04637.1”表示人类 TP53 蛋白质的第一个版本；

在 NCBI RefSeq 基因组注释数据库中,版本号通常是一个由字母和数字组成一个点号分隔的字符串,例如“NP_000537. 3”表示人类 TP53 蛋白质的第三个版本。

(5)后缀

后缀是一个由字符串和数字组成的字符串,用来表示该蛋白质在 STRING 数据库中的标识符。在 STRING 数据库中,每个蛋白质的后缀都是以一个小写字母开头,后面跟着一串数字,例如“p04637. 1a”代表人类 TP53 蛋白质在 STRING 数据库中的标识符。

STRING 数据库的 ID 编码形式非常规范和统一,每个蛋白质的 ID 编码都具有唯一性,能够方便地进行数据的访问和查询。例如,要查询人类 TP53 蛋白质的互作信息,可以在 STRING 数据库的查询页面输入“9606. UP. P04637. 1”作为查询条件,即可获得该蛋白质在 STRING 数据库中的所有互作信息。除了 STRING ID 之外,STRING 数据库还提供了其他类型的 ID 编码,例如 Gene ID、Ensembl ID、UniProt ID 等,这些 ID 编码也都遵循一定的命名规则和格式。对于研究人员而言,了解这些 ID 编码的形式和含义,能够更加方便地利用 STRING 数据库进行基因蛋白质互作网络的分析和研究。

8.2 BioGRID

BioGRID 是一个生物分子相互作用数据库,是当前研究生命科学领域中最大的基因蛋白质互作数据库之一,也是被最广泛使用的蛋白质互作数据库之一。它汇集了来自多个生物学领域的生物分子相互作用数据,如基因调控、代谢途径、信号传导等等,为生命科学研究提供了重要的资源和工具。

BioGRID 成立于 2003 年,由多伦多大学的生物医学科学系教授 Mike Tyers 和他的研究团队创建。其最初目的是将研究人员在基因蛋白质相互作用领域的努力集中起来,共同建立一个综合性的生物分子相互作用数据库。在过去的二十多年里,BioGRID 不断扩大其收集的数据量和数据种类,并成为生物医学研究领域中最受欢迎的蛋白质互作数据库之一。

BioGRID 收集的数据来源包括了大量的科学研究文献、专利文献和研究数据集,这些文献和数据集涵盖了多种生物体系,包括人类、小鼠、酵母菌等。BioGRID 数据库中包含了大量的蛋白质互作数据,这些数据主要包括以下几个方面:

①蛋白质互作实验数据：BioGRID 收集了大量的蛋白质互作实验数据，这些实验数据主要来源于文献报道、专利文献和研究数据集。这些实验数据包括了多种实验方法，如酵母双杂交、共免疫沉淀、蛋白质组分析等。

②生物信息学预测数据：BioGRID 还收集了大量的基于生物信息学方法预测的蛋白质互作数据。这些预测数据主要基于蛋白质结构、蛋白质序列、同源关系等多种生物信息学方法，可以为研究人员提供更全面的蛋白质互作信息。

③文献综述数据：BioGRID 收集了大量的蛋白质互作相关文献的综述数据，这些数据主要包括了相关文献的标题、摘要和作者等信息，可以为研究人员提供更多的研究方向和参考文献。

BioGRID 的数据库是一个不断更新和维护的系统。每个月，BioGRID 都会更新其数据库中的数据，将新的蛋白质互作实验数据和生物信息学预测数据添加到数据库中。同时，BioGRID 也会对已有数据进行审核和更新，以确保数据库中的数据准确性和可靠性。

BioGRID 提供了一系列的数据可视化和分析工具，帮助研究人员更好地理解和分析数据库中的数据。其中，最常用的工具包括：

①互作图谱：BioGRID 的互作图谱可以帮助研究人员了解蛋白质之间的互作关系。这些互作关系可以基于不同的指标进行分析，例如互作强度、互作频率等。

②生物通路分析：BioGRID 的生物通路分析工具可以帮助研究人员将互作数据与生物通路相结合，进一步理解蛋白质在生物过程中的作用。

BioGRID 是一个重要的生物分子相互作用数据库，涵盖了来自多个领域的蛋白质互作数据，为生命科学研究提供了重要的资源和工具。BioGRID 不断更新和维护其数据库，同时提供了多种数据可视化和分析工具，方便研究人员理解和利用其数据。BioGRID 的数据可以通过其官方网站进行下载和访问，也可以通过 API 接口进行自动化分析和应用开发。

8.2.1 BioGRID 数据库存储数据的类型

BioGRID 数据类型包括蛋白质互作实验数据、基因表达数据、基因组学数据、结构生物学数据等，下面将逐一介绍。

(1)蛋白质互作实验数据

BioGRID 数据库中存储了大量的蛋白质互作实验数据，这些数据主要来源于文献报道、专利文献和研究数据集。这些实验数据包括了多种实验方法，如酵母双杂交、共免疫沉淀、蛋白质组分析等等。对于每个蛋白质互作实验，BioGRID 数据库会记录实验的名称、实验的作者、实验的描述、实验的方法、实验的结果等信息。

(2)基因表达数据

BioGRID 数据库中还包含了基因表达数据，这些数据主要来自微阵列、RNA 测序和质谱分析等技术手段。基因表达数据记录了在不同条件下基因的表达量和变化，可以为研究人员提供有关生物分子相互作用调节的信息。

(3)基因组学数据

BioGRID 数据库中存储了大量的基因组学数据，包括基因组序列、基因组注释信息、基因组结构、基因的启动子和转录因子结合位点等。这些数据可以帮助研究人员理解生物分子相互作用的基础机制。

(4)结构生物学数据

BioGRID 数据库中还包含了结构生物学数据，包括蛋白质的结构、蛋白质的功能域、蛋白质的配体结合位点等。这些数据可以帮助研究人员理解生物分子相互作用的空间结构和相互作用机制。

(5)疾病相关数据

BioGRID 数据库中还包含了疾病相关数据，包括与疾病相关的基因、突变、SNP 和疾病相关的生物分子相互作用等。这些数据可以帮助研究人员理解疾病的发病机制和治疗策略。

(6)系统生物学数据

BioGRID 数据库中还包含了系统生物学数据，包括代谢途径、信号转导网络、细胞周期调节等生物系统级别的信息。这些数据可以帮助研究人员理解生物分子相互作用在整个生物系统中的作用。

总体来说，BioGRID 数据库存储了多种类型的数据，包括蛋白质互作实验数据、基因表达数据、基因组学数据、结构生物学数据、疾病相关数据和系统生物学数据。

8.2.2 BioGRID 数据库存储数据的格式

BioGRID 数据库采用了多种不同的数据格式来存储不同类型的数据。下面将逐一介绍 BioGRID 数据库存储数据的格式。

(1)蛋白质互作实验数据格式

BioGRID 数据库存储的蛋白质互作实验数据采用了 TAB 分隔符文本文件格式。在每个文件中,每行代表一个蛋白质互作实验,其中包含了实验的名称、实验的作者、实验的描述、实验的方法、实验的结果等信息。其中,实验的结果包括了蛋白质互作的类型、互作蛋白质的标识符、互作蛋白质的名称、互作蛋白质的特征等信息。

(2)基因表达数据格式

BioGRID 数据库存储的基因表达数据采用了常用的生物信息学格式,如 GEO、CEL 等。其中,GEO 格式是一种常用的基因表达数据格式,可以包含实验条件、样本信息、基因表达值等信息。CEL 格式则是微阵列数据的一种标准格式,包含了芯片上每个探针的信息、信号强度等数据。

(3)基因组学数据格式

BioGRID 数据库存储的基因组学数据采用了多种不同的格式。例如,基因组序列采用 FASTA 格式存储,基因组注释信息采用 GFF 或 GTF 格式存储,基因组结构数据采用 BED 或 WIG 格式存储,基因的启动子和转录因子结合位点则采用 TFBS 格式存储。这些不同的格式都具有良好的可读性和易于解析的特点,可以方便地进行数据处理和分析。

(4)结构生物学数据格式

BioGRID 数据库存储的结构生物学数据采用了常用的结构生物学格式,如 PDB 和 MMTF 格式。其中,PDB 格式是一种常用的蛋白质结构数据格式,包含了蛋白质的原子坐标、化学组成、分子对称性等信息。MMTF 格式则是一种新兴的蛋白质结构数据格式,具有良好的压缩性和解析性能,可以快速地进行大规模蛋白质结构数据的处理和分析。

(5)疾病相关数据格式

BioGRID 数据库存储的疾病相关数据采用了多种不同的格式,包括 BED、VCF 和 JSON 等。其中,BED 格式是一种常用的基因组坐标数据格式,可以方便地进行基因组区域的筛选和注释是一种常用的变异数据格式,可以包含个体的基因型信息、变异类型、位置等信息。JSON 格式则是一种轻量级的数据交换格式,可以方便地进行数据的存储和传输,常用于 Web 应用程序中。

总体来说,BioGRID 数据库采用了多种不同的数据格式来存储不同类型的生物分子相互作用信息。这些格式都具有良好的可读性和易于解析的特点,可以方便地进行数据处理和分析。同时,BioGRID 数据库也提供了丰富的 API 和工具,使得用户可以方便地获取和使用这些数据。

8.2.3 BioGRID 数据库数据的访问形式

BioGRID 数据库提供了多种不同的访问方式,以方便用户对数据库中存储的数据进行查询、下载和分析。下面将逐一介绍 BioGRID 数据库的数据访问方式及实例,并提供相关网址。

(1)网页界面查询

BioGRID 数据库提供了基于网页界面的查询方式,用户可以通过输入关键词、选择查询条件等方式进行数据的检索和筛选。该方式不需要任何软件或工具的支持,适合不熟悉编程或数据处理的用户使用。

用户可以在 BioGRID 数据库的主页上选择“SEARCH”选项,进入查询界面。在查询界面中,用户可以根据自己的需求选择不同的查询条件,如物种、蛋白质名称、基因名称、文献等,进行数据的检索和筛选。例如,用户可以输入一个蛋白质的名称,选择查询结果的类型为“Interactions”,即可得到与该蛋白质有相互作用的其他蛋白质列表。

(2)API 接口查询

BioGRID 数据库还提供了基于 API 接口的查询方式,用户可以使用编程语言调用 API 接口,以编程的方式进行数据的查询和分析。该方式需要一定的编程能力和数据处理经验,但可以实现更加复杂和灵活的数据操作。

用户可以通过编程语言如 Python、R 等调用 BioGRID 数据库的 API 接口,以获取所需的数据。例如，以下是使用 Python 调用 BioGRID 数据库 API 接口获取与蛋白质 TP53 相互作用的蛋白质列表的示例代码：

```
import requests
import json

params = {
'searchNames':'true',
'geneList':'TP53',
'accesskey':'YOUR_ACCESS_KEY',
'format':'json'
}

response = requests.get(url, params=params)
data = json.loads(response.content)

interactors = []
for item in data['interactions']:
interactors.append(item['OFFICIAL_SYMBOL_B'])
print(interactors)
```

该代码中，我们首先通过 requests 库发送 GET 请求，将需要查询的参数传递给 BioGRID 数据库的 API 接口，然后将返回的数据以 JSON 格式进行解析，最后将与蛋白质 TP53 相互作用的蛋白质列表保存到 interactors 变量中。

(3)数据库下载

BioGRID 数据库还提供了基于数据库下载的方式，用户可以下载整个数据库或其中特定的数据集，以便在本地进行数据的分析和处理。该方式需要一定的计算机存储和处理能力，但可以实现更加灵活的数据操作。

用户可以在下载页面中选择需要下载的数据集，如 BioGRID 数据库的整个数据集或特定物种的数据集等。下载的数据格式可以为文本格式或二进制格式，用户可以选择适合自己的格式进行下载。例如，用户可以选择下载 BioGRID 数据库的整个数据集，该数据集的格式为文本格式，包含多个文件。其中，interaction.tsv 文件包含了所有生物分子之间的相互作用信息，通过解析该文件，用户可以获取所需的数据。

以上是 BioGRID 数据库的三种常见的数据访问方式及实例，用户可以根据自己的需求和技术水平选择不同的方式进行数据的查询、下载和分析。BioGRID 数据库是一个包含生物分子相互作用信息的综合性数据库，对于生命科学研究具有重要的价值和作用。

8.2.4 BioGRID 数据库数据 ID 编码采用的形式

BioGRID 数据库采用了多种不同的 ID 编码形式，以便于用户对其中的数据进行访问和使用。这里将介绍 BioGRID 数据库中常见的 ID 编码形式及其特点。

（1）Entrez Gene ID

Entrez Gene ID 是 NCBI 提供的一种基因标识符，用于唯一标识基因序列。在 BioGRID 数据库中，基因 ID 通常采用 Entrez Gene ID 编码形式。用户可以通过在 BioGRID 数据库中查询基因名称或者基因 ID，获取到对应的 Entrez Gene ID。例如，基因 TP53 在 BioGRID 数据库中的 Entrez Gene ID 为 7157。

（2）Uniprot ID

Uniprot ID 是一种常见的蛋白质标识符，用于唯一标识蛋白质序列。在 BioGRID 数据库中，蛋白质 ID 通常采用 Uniprot ID 编码形式。用户可以通过在 BioGRID 数据库中查询蛋白质名称或者蛋白质 ID，获取到对应的 Uniprot ID。例如，蛋白质 TP53 在 BioGRID 数据库中的 Uniprot ID 为 P04637。

（3）RefSeq ID

RefSeq ID 是 NCBI 提供的一种序列标识符，用于唯一标识 DNA、RNA 和蛋白质序列。在 BioGRID 数据库中，序列 ID 通常采用 RefSeq ID 编码形式。用户可以通过在 BioGRID 数据库中查询序列名称或者序列 ID，获取到对应的 RefSeq ID。例如，序列 NM_000546.7 在 BioGRID 数据库中的 RefSeq ID 为 NP_000537.3。

（4）SGD ID

SGD ID 是酵母基因组数据库提供的一种基因标识符，用于唯一标识酵母基因序列。在 BioGRID 数据库中，酵母基因 ID 通常采用 SGD ID 编码形式。用户可以通过在 BioGRID 数据库中查询酵母基因名称或者酵母基因 ID,获取到对应的 SGD ID。例如,酵母基因 TP53 在 BioGRID 数据库中没有对应的 SGD ID,因为它不是酵母基因。

(5)BioGRID ID

BioGRID ID 是 BioGRID 数据库自己提供的一种实体标识符,用于唯一标识 BioGRID 数据库中的实体。在 BioGRID 数据库中,相互作用 ID 和实体 ID 通常采用 BioGRID ID 编码形式。例如,BioGRID 数据库中存储的一条相互作用的 ID 为 179942。

(6)Pubmed ID

Pubmed ID 是 PubMed 数据库提供的一种文献标,在 BioGRID 数据库中,文献 ID 通常采用 Pubmed ID 编码形式。BioGRID 数据库收录了大量的生物分子相互作用相关的研究文献,并且将这些文献的信息整合到了数据库中。用户可以通过在 BioGRID 数据库中查询相关的分子或者实体,获取到对应的文献 ID,从而查看相关文献的详细信息。例如,BioGRID 数据库中存储的一篇文献的 Pubmed ID 为 30718951。

(7)GO ID

GO ID 是 Gene Ontology 提供的一种功能注释标识符,用于描述生物分子的功能。在 BioGRID 数据库中,生物分子的功能通常采用 GO ID 编码形式。用户可以通过在 BioGRID 数据库中查询相关的分子或者实体,获取到对应的 GO ID,从而查看相关生物分子的功能注释信息。例如,蛋白质 TP53 在 BioGRID 数据库中具有 GO ID 为 GO:0005634,用于描述其在细胞核中的定位。

(8)ECO ID

ECO ID 是 Evidence Code Ontology 提供的一种证据代码标识符,用于描述生物分子相互作用的证据类型。在 BioGRID 数据库中,相互作用的证据类型通常采用 ECO ID 编码形式。用户可以通过在 BioGRID 数据库中查询相关的分子相互作用信息,获取到对应的 ECO ID,从而了解其证据类型。例如,BioGRID 数据库中存储的一条相互作用的 ECO ID 为 ECO:0000353,用于描述其基于物理实验的证据类型。

总体来说,BioGRID 数据库采用了多种不同的 ID 编码形式,以便于用户对其中的数据进行访问和使用。用户可以根据自己的需要,选择不同的 ID 编码形式来查询相关的数据,从而更好地利用 BioGRID 数据库中的资源。

8.3 HPRD

HPRD(Human Protein Reference Database)是一个由印度班加罗尔基础科学研究所(IBS)开发和维护的人类蛋白质参考数据库。该数据库主要收集整理了人类蛋白质相关的多种信息,包括基因、转录本、蛋白质结构、功能、疾病关联等方面,是研究人类蛋白质功能和疾病的重要工具之一。这里将对 HPRD 数据库的主要内容、数据来源、数据质量以及应用等方面进行简要介绍。

HPRD 数据库主要包含以下几个方面的内容:

①蛋白质基因和转录本信息:该数据库收录了人类蛋白质编码基因和转录本的相关信息,包括基因序列、基因组位置、外显子、内含子、起始密码子、停止密码子、启动子、剪接位点等。

②蛋白质结构和功能信息:该数据库收录了人类蛋白质的三级结构、二级结构、功能域、亚细胞定位、修饰、结合伴侣、代谢途径、信号传导等相关信息。

③蛋白质互作信息:该数据库收录了人类蛋白质之间的相互作用信息,包括蛋白质 - 蛋白质相互作用、蛋白质 - 核酸相互作用、蛋白质 - 配体相互作用等。

④疾病关联信息:该数据库收录了人类蛋白质与各种疾病之间的关联信息,包括遗传性疾病、肿瘤、神经系统疾病、免疫系统疾病、心血管疾病等。

HPRD 数据库的数据来源主要包括以下几个方面:

①公共数据库:HPRD 数据库对许多公共数据库中的数据进行了整合和综合,包括 UniProt、Entrez Gene、RefSeq、Ensembl、NCBI Gene、OMIM、PubMed 等。

②文献报道:HPRD 数据库对一些已经发表的研究论文中的蛋白质相关信息进行了整理和归纳。

③高通量实验数据:HPRD 数据库收集了大量的高通量实验数据,包括蛋白质质谱、蛋白质芯片、酵母双杂交等。

HPRD 数据库对数据的质量有严格的控制和筛选,确保其数据的准确性和可靠性。其中包括以下几个方面:

①数据源的选择和整合:HPRD 数据库选择了多个公共数据库和文献报道作为数据源,经过整合和综合筛选,筛选出最可靠和准确的数据。

②数据更新和验证:HPRD 数据库定期更新数据,并对数据进行验证和纠

错,以确保数据的正确性和最新性。

③数据质量控制:HPRD 数据库对数据进行了严格的质量控制,包括数据格式、数据标准、数据处理等方面,确保数据的一致性和可比性。

HPRD 数据库作为一个全面、可靠的人类蛋白质参考数据库,在生命科学领域中得到了广泛的应用,包括以下几个方面:

①生物医学研究:HPRD 数据库为生物医学研究提供了全面的人类蛋白质信息和疾病关联信息,为疾病诊断、治疗和预防提供了基础数据和分析工具。

②蛋白质研究:HPRD 数据库收录了人类蛋白质的结构、功能、互作等相关信息,为蛋白质结构和功能研究提供了重要的参考。

③新药研发:HPRD 数据库中的蛋白质 - 蛋白质相互作用信息、代谢途径等信息,为新药研发提供了重要的参考和数据支持。

④基因组学研究:HPRD 数据库提供了人类蛋白质编码基因和转录本的相关信息,为基因组学研究提供了重要的数据支持。

HPRD 数据库是一个重要的人类蛋白质参考数据库,为生命科学研究提供了全面、可靠的数据支持和分析工具,对于促进生物医学研究、蛋白质研究、新药研发、基因组学研究等领域的发展具有重要的意义。

8.3.1 HPRD 数据库存储数据的类型

HPRD 数据库存储的数据类型多种多样,主要包括蛋白质基因和转录本信息、蛋白质结构和功能信息、蛋白质互作信息、疾病关联信息等。下面将对 HPRD 数据库存储的主要数据类型进行详细介绍。

(1)蛋白质基因和转录本信息

HPRD 数据库存储了人类蛋白质编码基因和转录本的相关信息,包括基因序列、基因组位置、外显子、内含子、起始密码子、停止密码子、启动子、剪接位点等。这些信息可以帮助研究者更好地理解人类蛋白质编码基因和转录本的结构和功能,从而更好地研究人类蛋白质相关的生物学过程和疾病。

(2)蛋白质结构和功能信息

HPRD 数据库存储了人类蛋白质的三级结构、二级结构、功能域、亚细胞定位、修饰、结合伴侣、代谢途径、信号传导等相关信息。这些信息可以帮助研究者更好地理解人类蛋白质的结构和功能,从而更好地研究人类蛋白质相关的生物学过程和疾病。

(3)蛋白质互作信息

HPRD 数据库存储了人类蛋白质之间的相互作用信息,包括蛋白质－蛋白质相互作用、蛋白质－核酸相互作用、蛋白质－配体相互作用等。这些信息可以帮助研究者更好地理解人类蛋白质之间的相互作用关系,从而更好地研究人类蛋白质相关的生物学过程和疾病。

(4)疾病关联信息

HPRD 数据库存储了人类蛋白质与各种疾病之间的关联信息,包括遗传性疾病、肿瘤、神经系统疾病、免疫系统疾病、心血管疾病等。这些信息可以帮助研究者更好地理解人类蛋白质与疾病之间的关联关系,从而更好地研究人类蛋白质相关的疾病机制和疾病治。

(5)蛋白质的基因表达信息

HPRD 数据库存储了人类蛋白质基因的表达谱信息,包括组织特异性表达、时空表达、发育表达等。这些信息可以帮助研究者更好地理解人类蛋白质在不同组织、不同时期的表达情况,从而更好地研究人类蛋白质的功能和调控机制。

(6)蛋白质翻译后修饰信息

HPRD 数据库存储了人类蛋白质翻译后修饰信息,包括磷酸化、乙酰化、甲基化、泛素化、丝氨酸/苏氨酸磷酸化等。这些信息可以帮助研究者更好地理解蛋白质的功能和调控机制,以及蛋白质与其他分子之间的相互作用关系。

(7)蛋白质的药物靶点信息

HPRD 数据库存储了人类蛋白质作为药物靶点的信息,包括蛋白质与小分子药物的相互作用信息、蛋白质与生物制剂的相互作用信息等。这些信息可以帮助研究者更好地理解蛋白质在药物研究和开发中的作用和机制,为新药的发现和研发提供重要的参考信息。

总结来说,HPRD 数据库存储了大量与蛋白质相关的数据类型,这些数据类型涵盖了蛋白质基因、结构、功能、互作、疾病关联、基因表达、翻译后修饰以及药物靶点等多个方面,为研究者提供了宝贵的研究资源,有助于推动蛋白质研究领域的发展。

8.3.2 HPRD 数据库存储数据的格式

HPRD 数据库存储的数据格式主要是文本格式和图像格式，其中文本格式包括平面文本格式和 XML 格式，图像格式主要是蛋白质结构的 3D 图像。下面将对 HPRD 数据库存储的主要数据格式进行详细介绍。

(1)文本格式

HPRD 数据库存储的数据主要以文本格式为主，其中平面文本格式包括 CSV 格式、TXT 格式和 FASTA 格式等。CSV 格式是一种常用的数据存储格式，其每行代表一个数据记录，每列代表一个数据属性，逗号分隔各列数据，可用于将基因和蛋白质的基本信息存储在一个文件中，例如 HPRD 中的基因和转录本信息。TXT 格式是一种简单的文本格式，用于存储包含大量文本信息的数据，例如 HPRD 中的蛋白质互作信息和疾病关联信息。FASTA 格式是一种用于序列比对和生物信息学分析的常用格式，用于存储蛋白质和核酸序列信息。

除了平面文本格式，HPRD 还使用 XML 格式来存储部分数据信息。XML 是一种可扩展标记语言，用于描述数据结构和数据之间的关系，具有可读性强、可扩展性好的优点，被广泛应用于数据存储和传输。在 HPRD 中，XML 格式主要用于存储蛋白质结构和功能信息，例如 PDB 格式的蛋白质结构数据、GO 注释、酶促反应等。

(2)图像格式

除了文本格式，HPRD 数据库还使用了图像格式，主要是用于存储蛋白质结构的 3D 图像。HPRD 中使用的蛋白质结构图像格式包括 PDB 格式、Rasmol 格式和 PyMol 格式等。其中，PDB 格式是一种常用的蛋白质结构数据格式，包含蛋白质结构的三维坐标和拓扑信息，用于蛋白质结构研究和生物信息学分析。Rasmol 格式和 PyMol 格式则是常用的用于可视化蛋白质结构的软件格式，它们可以将 PDB 格式的蛋白质结构数据转换为可视化的 3D 图像，并提供多种操作和展示方式，方便用户进行蛋白质结构的研究和分析。

HPRD 数据库存储的数据类型和格式多种多样，主要包括蛋白质基因和转录本信息、蛋白质结构和功能信息、蛋白质互作信息和疾病关联信息等。这些数据采用的存储格式也各不相同，其中文本格式包括平面文本格式和 XML 格式,图像格式主要是用于存储蛋白质结构的3D图像。平面文本格式主要采用CSV格式、TXT格式和FASTA格式等,CSV格式用于存储基因和蛋白质的基本信息,TXT格式用于存储蛋白质互作信息和疾病关联信息,FASTA格式用于存储蛋白质和核酸序列信息。XML格式则用于存储蛋白质结构和功能信息,例如PDB格式的蛋白质结构数据、GO注释和酶促反应等。图像格式主要用于存储蛋白质结构的3D图像,包括PDB格式、Rasmol格式和PyMol格式等。HPRD数据库存储的数据格式不仅包括了多种多样的文本格式和图像格式,而且每种格式都具有其特点和优点。这使得研究者可以根据自己的需求和目的,选择适合自己的数据格式和工具,方便地进行蛋白质结构和功能的研究和分析。同时,这也为数据库的维护和更新提供了便利,可以通过不同的数据格式和存储方式来满足用户的需求和要求,进一步提高数据库的可用性和价值。

HPRD数据库的数据格式和存储方式是多种多样的,这使得数据库可以更好地满足研究者的需求和要求,为蛋白质结构和功能的研究和分析提供了强大的支持和帮助。

8.3.3 HPRD数据库数据的访问形式

HPRD(Human Protein Reference Database)提供了多种不同的访问方式,包括网页界面、API、数据下载等,以下将分别介绍这些访问方式及其实例。

HPRD数据库提供了一个直观、易于使用的网页界面,用户可以通过该界面查询、浏览和下载数据。

(1)查询功能

在网页界面的顶部,有一个搜索框,用户可以在此输入感兴趣的蛋白质名称、基因名称、蛋白质ID等关键词进行搜索。例如,输入“EGFR”并点击搜索按钮,系统将返回与EGFR相关的蛋白质信息,用户还可以通过高级搜索功能,对蛋白质的属性进行进一步的筛选。例如,用户可以选择只查看已验证的相互作用,或只查看特定细胞类型中的相互作用等。

(2)浏览功能

在网页界面的左侧,有一个菜单栏,用户可以通过该菜单栏浏览数据库中的不同数据集,包括蛋白质、基因、相互作用、通路等。例如,用户可以选择“蛋白质”菜单,查看数据库中所有已知的蛋白质列表。在蛋白质列表中,用户可以查看每个蛋白质的基本信息，如名称、别名、描述等，还可以点击链接查看该蛋白质的详细信息页面。

(3)数据下载功能

HPRD数据库提供了多种数据下载方式，用户可以下载整个数据库或特定数据集的数据，也可以下载数据的元数据信息。在网页界面的顶部，有一个"Download"菜单，用户可以通过该菜单选择下载的数据类型。例如，用户可以选择下载所有已知的蛋白质序列数据，以进行后续的分析和处理。

HPRD数据库还提供了一个API接口，用户可以通过编程的方式访问数据库中的数据，进行自动化查询和处理。HPRD数据库的RESTful API接口可以通过HTTP请求进行访问，返回的数据格式可以是JSON或XML。用户可以通过API接口查询特定蛋白质的详细信息、获取特定基因的所有蛋白质信息、查询特定相互作用等。例如，用户可以通过以下代码使用Python语言查询特定蛋白质的详细信息：

```
import requests


protein_id = "P00533"
if response.status_code == 200:
protein_data = response.json()
print(protein_data)
else:
print(f"Error: {response.status_code}")
```

此代码将查询ID为"P00533"的蛋白质的详细信息，并将返回的JSON数据打印到控制台上。

除了在网页界面中下载数据外，HPRD数据库还提供了直接从FTP服务器上下载数据的方式。用户可以通过FTP客户端，连接到ftp目录下，选择需要的数据文件进行下载。HPRD数据库提供的数据包括蛋白质序列数据、相互作用数据、通路数据等，用户可以根据需要选择下载不同的数据文件。

综上所述，HPRD数据库提供了多种不同的访问方式，包括网页界面、API和数据下载，用户可以根据自己的需要选择不同的访问方式来获取所需的数据。对于需要进行自动化处理和分析的用户，API接口是一个非常方便的方式；对于需要进行离线处理或对数据进行更深入分析的用户，数据下载则是一个更好的选择。

8.3.4 HPRD 数据库数据 ID 编码的形式

HPRD(Human Protein Reference Database)数据 ID 编码形式是一种独特的命名方式,可以帮助用户快速识别和查找数据。这里将对 HPRD 数据库中的数据 ID 编码形式进行详细介绍。

(1)蛋白质 ID 编码

在 HPRD 数据库中,每个蛋白质都有一个唯一的 ID 编码,形式为"HPRD_XXXXX",其中"XXXXX"是一个数字。这个数字是一个自增的整数,从 1 开始逐步增加。例如,人类 EGFR(Epidermal Growth Factor Receptor)的蛋白质 ID 为"HPRD_00001"。每次添加新蛋白质时,系统会自动分配一个未使用过的数字作为其 ID 编码。除了唯一的 ID 编码,每个蛋白质还有一个"ACC 编号",即"Accession Number",形式为"PXXXXX",其中"XXXXX"是一个数字。这个数字也是一个自增的整数,从 1 开始逐步增加。例如,EGFR 的 ACC 编号为"P00001"。和蛋白质 ID 不同,ACC 编号在蛋白质数据更新时不会改变,可以作为一种稳定的标识符。

(2)相互作用 ID 编码

在 HPRD 数据库中,相互作用也有唯一的 ID 编码,形式为"HPRDXXXXX",其中"XXXXX"是一个数字。这个数字同样是一个自增的整数,从 1 开始逐步增加。例如,EGFR 和 GRB2(Growth Factor Receptor - Bound Protein 2)之间的相互作用的 ID 编码为"HPRD00001"。和蛋白质 ID 编码类似,每次添加新的相互作用时,系统会自动分配一个未使用过的数字作为其 ID 编码。

(3)基因 ID 编码

在 HPRD 数据库中,每个基因也有一个唯一的 ID 编码,形式为"HPRD_GXXXXX",其中"XXXXX"是一个数字。这个数字同样是一个自增的整数,从 1 开始逐步增加。例如,EGFR 基因的 ID 编码为"HPRD_G00001"。值得注意的是,由于一个基因可以对应多个蛋白质,因此在 HPRD 数据库中,一个基因 ID 可能对应多个蛋白质 ID 和相互作用 ID。

(4)通路 ID 编码

在 HPRD 数据库中,通路也有唯一的 ID 编码,形式为“HPRD_PathwayXXXXX”,其中“XXXXX”是一个数字。这个数字同样是一个自增的整数,从 1 开始逐步增加。例如,EGFR 信号通路的 ID 编码为“HPRD_Pathway00001”。

(5)修饰 ID 编码

在 HPRD 数据库中,蛋白质的修饰也有唯一的 ID 编码,形式为“HPRD_ModificationXXXXX”,其中“XXXXX”是一个数字。这个数字同样是一个自增的整数,从 1 开始逐步增加。例如,EGFR 的酪氨酸磷酸化修饰的 ID 编码为“HPRD_Modification00001”。和蛋白质 ID 编码类似,每次添加新的修饰时,系统会自动分配一个未使用过的数字作为其 ID 编码。

(6)疾病 ID 编码

在 HPRD 数据库中,与蛋白质相关联的疾病也有唯一的 ID 编码,形式为“HPRD_DiseaseXXXXX”,其中“XXXXX”是一个数字。这个数字同样是一个自增的整数,从 1 开始逐步增加。例如,EGFR 与肺癌相关的疾病 ID 编码为“HPRD_Disease00001”。

(7)基因表达 ID 编码

在 HPRD 数据库中,基因的表达也有唯一的 ID 编码,形式为“HPRD_GeneExpressionXXXXX”,其中“XXXXX”是一个数字。这个数字同样是一个自增的整数,从 1 开始逐步增加。例如,EGFR 基因在人类肺癌细胞中的表达的 ID 编码为“HPRD_GeneExpression00001”。

HPRD 数据库的 ID 编码形式是一种独特的命名方式,能够帮助用户快速识别和查找数据。不同类型的数据都有相应的 ID 编码形式,包括蛋白质、相互作用、基因、修饰、疾病和基因表达等。这些 ID 编码形式都是由系统自动生成的,保证了其唯一性和稳定性。在使用 HPRD 数据库时,正确理解和使用这些 ID 编码形式是非常重要的。

参考文献

[1] Barrett T, Troup D B, Wilhite S E, et al. NCBI GEO: mining tens of millions of expression profiles-database and tools update[J]. Nucleic Acids Res, 2007, 35(Database issue): D760 - 5.

[2] Forbes S A, Beare D, Gunasekaran P, et al. COSMIC: exploring the world's knowledge of somatic mutations in human cancer[J]. Nucleic Acids Res, 2015, 43(Database issue): D805 - 11.

[3] Geier B, Kastenmuller G, Fellenberg M, et al. The HIB database of annotated UniGene clusters[J]. Bioinformatics, 2001, 17(6): 571 - 2.

[4] Hubbard T, Barker D, Birney E, et al. The Ensembl genome database project [J]. Nucleic Acids Res, 2002, 30(1): 38 - 41.

[5] Joshi-Tope G, Gillespie M, Vastrik I, et al. Reactome: a knowledgebase of biological pathways[J]. Nucleic Acids Res, 2005, 33(Database issue): D428 - 32.

[6] Kneissl B, Mueller S C, Tautermann C S, et al. String kernels and high-quality data set for improved prediction of kinked helices in alpha-helical membrane proteins[J]. J Chem Inf Model, 2011, 51(11): 3017 - 25.

[7] Nassar L R, Barber G P, Benet-Pages A, et al. The UCSC Genome Browser database: 2023 update[J]. Nucleic Acids Res, 2023, 51(D1): D1188 - D1195.

[8] Ogata H, Goto S, Sato K, et al. KEGG: Kyoto Encyclopedia of Genes and Genomes[J]. Nucleic Acids Res, 1999, 27(1): 29 - 34.

[9] Ostell J M, Wheelan S J, Kans J A. The NCBI data model[J]. Methods Biochem Anal, 2001, 43: 19 - 43.

[10] Rice C M, Cameron G N. Submission of nucleotide sequence data to EMBL/GenBank/DDBJ[J]. Methods Mol Biol, 1994, 24: 355 - 66.

[11] Rocca-Serra P, Brazma A, Parkinson H, et al. ArrayExpress: a public data-

base of gene expression data at EBI[J]. C R Biol, 2003, 326(10-11): 1075-8.

[12] Safran M, Dalah I, Alexander J, et al. GeneCards Version 3: the human gene integrator[J]. Database (Oxford), 2010, 2010: baq020.

[13] Sealfon R S, Hibbs M A, Huttenhower C, et al. GOLEM: an interactive graph-based gene-ontology navigation and analysis tool[J]. BMC Bioinformatics, 2006, 7: 443.

[14] Siva N. 1000 Genomes project[J]. Nat Biotechnol, 2008, 26(3): 256.

[15] Smigielski E M, Sirotkin K, Ward M, et al. dbSNP: a database of single nucleotide polymorphisms[J]. Nucleic Acids Res, 2000, 28(1): 352-5.

[16] Stark C, Breitkreutz B J, Reguly T, et al. BioGRID: a general repository for interaction datasets[J]. Nucleic Acids Res, 2006, 34(Database issue): D535-9.

[17] Thakur M, Bateman A, Brooksbank C, et al. EMBL's European Bioinformatics Institute (EMBL-EBI) in 2022[J]. Nucleic Acids Res, 2023, 51(D1): D9-D17.

[18] Tomczak K, Czerwinska P, Wiznerowicz M. The Cancer Genome Atlas (TCGA): an immeasurable source of knowledge[J]. Contemp Oncol (Pozn), 2015, 19(1A): A68-77.

[19] Wolfsberg T G, Schafer S, Tatusov R L, et al. Organelle genome resource at NCBI[J]. Trends Biochem Sci, 2001, 26(3): 199-203.